中国西藏重点水域渔业资源与环境保护系列丛书

丛书主编：陈大庆

澜沧江西藏段
渔业资源与环境保护

朱挺兵　杨德国　等◎著

中国农业出版社

北　京

内容简介

本书主要以"西藏重点水域渔业资源与环境调查"专项中澜沧江西藏段水生生物资源与环境现场调查数据为基础，结合前人的研究工作、文献资料著述完成。本书内容包括澜沧江西藏段水环境与水化学特征、浮游与底栖生物概况、鱼类多样性、常见鱼类个体生物学、水生生物保护策略与规划等多个方面。书中内容综合反映了近期有关澜沧江西藏段鱼类多样性及保护的研究成果，对开展澜沧江西藏段水生生物多样性、渔业资源与环境保护具有一定的参考价值。本书适合水产、生物多样性、环境保护、鱼类资源等相关领域的科研人员与管理工作者阅读参考。

著者简介

朱挺兵，男，博士，现任中国水产科学研究院长江水产研究所副研究员，华中农业大学硕士研究生导师。中国水产科学研究院"百名科技英才培育计划"人选。研究方向为淡水鱼类生态学与渔业资源保护技术，主要从事淡水渔业资源与环境评估、长江上游特有鱼类种群恢复与利用、淡水生态修复等方面的研究。先后主持或参加国家自然科学基金、科技部重点研发计划、公益性行业（农业）科研专项、农业财政专项等省部级以上项目 10 余项。获得专利授权 6 项；发表论文 40 余篇；主编专著 1 部，参编专著 3 部。

杨德国，男，学士，现任农业农村部淡水生物多样性保护重点实验室副主任，中国水产科学研究院长江水产研究所二级研究员。农业农村部鱼类生物学与保护工程创新团队带头人；国家特色淡水鱼产业技术体系大水面养殖岗位科学家。研究方向为淡水鱼类生态学与渔业资源保护技术，主要从事中华鲟物种保护、长江上游特有鱼类种群恢复与利用、淡水生态修复、大水面生态渔业等方面的研究。先后主持国家科技支撑计划课题等项目 10 余项。获国家科技进步奖二等奖 1 项，省部级科技进步奖 2 项，院级科技奖 3 项。获得专利授权 16 项；发表论文 140 余篇；主编专著 2 部，参编专著 3 部。

丛书编委会

科学顾问：曹文宣　中国科学院院士

主　　编：陈大庆

编　　委（按姓氏笔画排序）：

马　波　王　琳　尹家胜　朱挺兵

朱峰跃　刘　飞　刘明典　刘绍平

刘香江　刘海平　牟振波　李大鹏

李应仁　杨瑞斌　杨德国　何德奎

佟广香　陈毅峰　段辛斌　贾银涛

徐　滨　霍　斌　魏开金

本书著者名单

著　　者：朱挺兵　杨德国　李学梅　何勇凤

　　　　　吴兴兵　朱永久　孟子豪　胡飞飞

　　　　　龚进玲

统　　稿：朱挺兵

制　　图：朱挺兵

青藏高原特殊的地理和气候环境孕育出独特且丰富的鱼类资源,该区域鱼类在种类区系、地理分布和生态地位上具有其独特性。西藏自治区是青藏高原的核心部分,也是世界上海拔最高的地区,其间分布着众多具有全球代表性的河流和湖泊,水域分布格局极其复杂。多样的地形环境、复杂的地质气候、丰富的水体资源使西藏地区成为我国生态安全的重要保障,对亚洲乃至世界都有着重要意义。

西藏鱼类主要由鲤科的裂腹鱼亚科以及鳅科的高原鳅属鱼类组成。裂腹鱼是高原鱼类典型代表,具有耐寒、耐碱、性成熟晚、生长慢、食性杂等特点,集中分布于各大河流和湖泊中。由于西藏地区独有的地形地势和显著的海拔落差导致的水体环境差异,不同水域的鱼类区系组成大不相同,因此西藏地区的鱼类是研究青藏高原隆起和生物地理种群的优质对象。

近年来,在全球气候变化和人类活动的多重影响下,西藏地区的生态系统已经出现稳定性下降、资源压力增大及鱼类物种多样性日趋降低等问题。西藏地区是全球特有的生态区域,由于其生态安全阈值幅度较窄,环境对于人口的承载力有限,生态系统一旦被破坏,恢复时间长。高原鱼类在长期演化过程中形成了简单却稳定的种间关系,不同鱼类适应各自特定的生态位,食性、形态、发育等方面有不同的分化以适应所处环境,某一处水域土著鱼类灭绝可能会导致一系列的连锁反应。人类活动如水利水电开发和过度捕捞等很容易破坏鱼类的种间关系,给土著鱼类带来严重的危害。

由于特殊的高原环境、交通不便、技术手段落后等因素,直到 20 世纪中期我国才陆续有学者开展青藏高原鱼类研究。有关西藏鱼类最近的一次调查距今已有 20 多年,而这 20 多年也正是西藏社会经济快速发展的时期。相比 20 世纪中期,现今西藏水域生态环境已发生了显著的变化。当前西藏鱼类资源利用和生态保护与水资源开发的矛盾逐渐突出,在鱼类自然资源持续下降、外来物种入侵和人类活动影响加剧的背景下,有必要系统和深入地开展西藏鱼类资源与环境的全面调查,为西藏生态环境和生物多样性的保护提供科学支撑;同时这也是指导西藏水资源规划和合理利用、保护水生生物资源和保障生态西藏建设的需要,符合国家发展战略要求和中长期发展规划。

"中国西藏重点水域渔业资源与环境保护系列丛书"围绕国家支援西藏发展的战略方针,符合国家生态文明建设的需要。该丛书既有对各大流域湖泊渔业资源与环境的调查成果的综述，也有关于西藏土著鱼类的繁育与保护的技术总结，同时对于浮游动植物和底栖生物也有全面系统的调查研究。该丛书填补了我国西藏水域鱼类基础研究数据的空白，不仅为科研工作者提供了大量参考资料，也为广大读者提供了关于西藏水域的科普知识，同时也可为管理部门提供决策依据。相信这套丛书的出版，将有助于西藏水域渔业资源的保护和优质水产品的开发，反映出中国高原渔业资源与环境保护研究的科研水平。

中国科学院院士

2022 年 10 月

　　澜沧江是一条发源于青藏高原的大型国际河流，自北向南流经青海、西藏、云南，出国境后改称湄公河，流经缅甸、老挝、泰国、柬埔寨、越南五国，于越南胡志明市附近湄公河三角洲注入南海，因此也是东南亚第一长河。澜沧江流域地势北高南低，源头和下游较宽阔，上游、中游狭窄，地形起伏剧烈，且地形复杂多变，汇聚了高山草甸、峡谷激流、热带雨林等多种自然景观，具有丰富的文化多样性和生态多样性。澜沧江流域还是我国藏族、纳西族、傈僳族、普米族、白族、傣族等多个少数民族的重要聚集地。同时，澜沧江落差极大，具有巨大的水电开发潜力。因此，澜沧江既是我国重要的生态屏障，也是重要的多民族文化发源地和能源阵地。

　　对于澜沧江西藏段自然生态环境的状况，过去开展过零星的调查和研究，多集中在物种分类上，缺乏系统的渔业资源与环境本底数据。随着区域内社会经济的发展，澜沧江西藏段的自然环境已经发生了新的改变，并且仍在不断变化之中。这些变化也必然会导致区域内的水生态环境及水生生物状况发生变化。与云南段相比，澜沧江西藏段的生态系统结构更为简单，也更为脆弱，研究资料也相对匮乏。因此，开展水生生态环境及水生生物调查，及时更新和掌握流域内的本底资料，对于指导澜沧江西藏段的水生生态保护及流域科学综合开发利用具有重要意义。

　　2017 年，农业部启动了"西藏重点水域渔业资源与环境调查"专项。该项目由中国水产科学研究院牵头，参加单位有院属长江水产研究所、黑龙江水产研究所，以及中国科学院水生生物研究所、华中农业大学、西藏农牧科学院水产科学研究所等。专项的目标是摸清雅鲁藏布江、怒江、澜沧江、错鄂、错那、巴松错等西藏重点水域的水生生态环境特征和水生生物现状，为西藏水生生态与水生生物保护，以及流域综合管理提供科学依据。中国水产科学研究院长江水产研究所在该专项中承担了澜沧江西藏段的调查任务，并于2017—2019 年对澜沧江西藏段开展了多次调查工作，在现场调查的基础之上，结合历史文献资料，完成了本专著。本书详细介绍了澜沧江西藏段主要的物理化学指标；浮游植物、浮游动物和底栖动物的种类组成、生物量及多样性；鱼类的种类组成与分布、资源量、多样性及主要土著鱼类的生物学特征，以及鱼类产卵场、索饵场、越冬场等的分布与特征；鱼类资源保护策略。除历史背景资料以外，书中的渔业资源与环境数据均来源于本团队野外收集的第一手资料，保证了数据的真实性和有效性。本书可为政府部门决策提供科学依据，也可供科研工作者参考借鉴。

　　本书完成过程中得到了本团队成员的大力支持，他们是中国水产科学研究院长江水产研究所王旭歌、胡文静、黄俊、魏志兵、邓智明、胡建华、王露、蔡琪。调查过程中，西藏自治区农业农村厅、西藏自治区农牧科学院、昌都市农业农村局，以及卡若区、察雅县、芒康县等县区农业农村局均给予了大力支持，在此一并表示感谢。

　　由于作者水平及能力有限，书中难免存在不足之处，敬请读者批评指正。

著　者

2021 年 3 月

目 录

第一章

澜沧江自然环境概况

第一节　地理位置

澜沧江是我国西南地区的一条重要国际河流，发源于青藏高原唐古拉山北麓，自北向南先后流经青海、西藏和云南三省（自治区）（图 1-1），于西双版纳的南阿河口流出国境

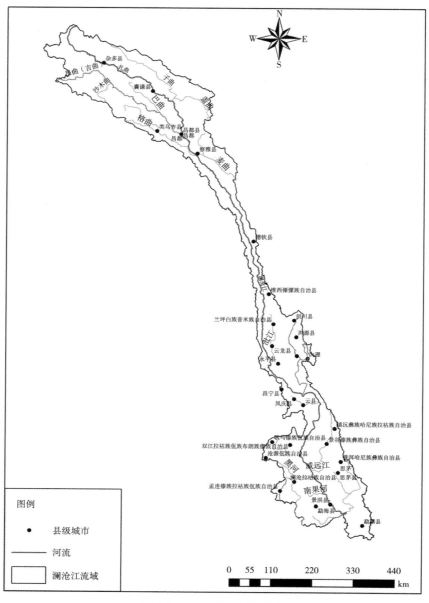

图 1-1　澜沧江流域示意图

后，改称湄公河，流经缅甸、老挝、泰国、柬埔寨及越南五国，在越南胡志明市南部注入南海。澜沧江的河源分东西两支，东源为扎曲，西源为昂曲。扎曲发源于青海省杂多县境内的唐古拉山北麓，长518 km；昂曲发源于青海省杂多县结多乡唐古拉山北麓瓦尔公冰川，长364 km。一般认为，扎曲为澜沧江正源。东西两源在昌都合并后始称澜沧江。

根据流域环境特点，一般将澜沧江分成河源、上游、中游和下游四段（表1-1）。河源段从青海源头至西藏昌都，干流长556 km；上游段为西藏昌都至云南功果桥，全长821 km；中游段为功果桥以下至景云桥，全长213 km；下游段为景云桥至勐腊县南阿河口，全长495 km（何大明 等，2000）。

表 1-1　澜沧江河段划分及河道特征

河段	河长（km）	河床高程（m）	落差（m）	平均比降（‰）	河谷宽（m）		河谷深（m）	谷形
					一般范围	最大范围		
河源：源头—昌都	556	5 167～3 210	1 850	3.3	50～200	300～500	300～1 000	槽形、V 形
上游：昌都—功果桥	821	3 210～1 230	1 980	2.4	100～200	200～500	800～1 500	V 形
中游：功果桥—景云桥	213	1 230～914	316	1.5	100～250	300～500	600～800	V 形
下游：景云桥—南阿河口	495	914～465	449	0.9	150～300	800～1 200	400～800	V 形、槽形

第二节　地质地貌

河源段青海境内为高原宽广河谷，下蚀作用微弱，沿程多有河岛、漫滩、岔流发育，水流平缓而散乱（何大明 等，2000）。出青海至昌都段，多为深切500～1 000 m 的 V 形峡谷，平均比降 4‰～4.5‰，最大范围达 10‰～15‰，是全流域河道比降最大的河段（何大明 等，2000）。本段水系较发达，干支流多以斜交相汇而呈树枝状分布（何大明 等，2000）。

昌都以下至功果桥段，河流进入横断山极大起伏的高山区，伴随以上升为主的强烈新构造运动，河流下蚀作用强烈，受横断山脉中的他念他翁山-云岭和永隆里南山-怒山夹峙，主河谷深切，形成世界上典型的南北走向 V 形谷（何大明 等，2000）。水系多沿断层发育，两岸支流短小，与干流直交，水系结构呈"非"字形排列，属羽状水系。这里分水岭之间一般只有 30～40 km，最窄处 20～25 km，是全流域最狭窄的地段（何大明 等，2000）。

功果桥以下至景云桥段为中山宽谷区，属于青藏高原向云贵高原的过渡带，地形破碎，河流切割强烈，主河谷仍为 V 形谷（何大明 等，2000）。

景云桥至南阿河口段呈中低山宽峡谷地貌，河谷底宽 150～300 m，最大范围可达800～1 200 m，有一些小盆地散布在山间。该段河谷的发育和水系展布总体仍受横断山脉南部的"帚"形山系控制，但流水的侵蚀切割作用也起了很大的作用（何大明 等，2000）。

第三节　水系概况

一、西藏段

澜沧江西藏段主要的支流有子曲、热曲、昂曲、盖曲、麦曲、色曲（金河）等（图1-2）。

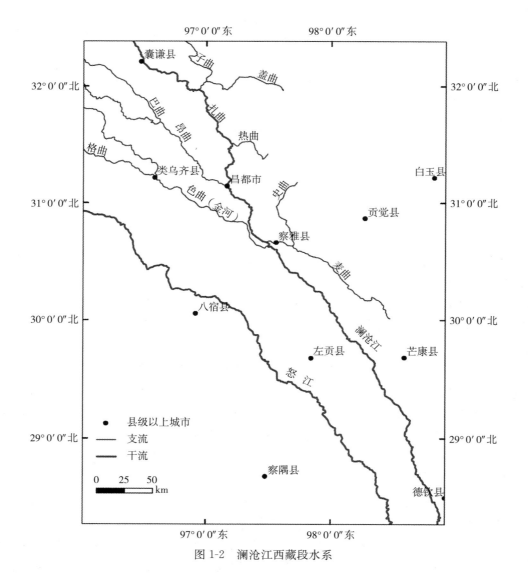

图1-2　澜沧江西藏段水系

昂曲是澜沧江最大的支流，发源于青海省杂多县结多乡唐古拉山北麓瓦尔公冰川，海拔 5 664 m。南流入西藏巴青县境称松曲，又东流入青海省境称解曲，转东南流经囊谦县吉曲乡 8 km 后进入西藏，称昂曲，改向偏南在昌都汇入澜沧江。昂曲流域面积 16 774 km²，天然落差 1 898 m，平均比降 3.8‰，多年平均流量 186 m³/s，理论水能蕴藏量 116.91 万 kW（西藏自治区水利电力规划勘测设计研究院，2014）。西藏境内河长 216 km，流域面积为 7 150 km²（西藏自治区水利电力规划勘测设计研究院，2014）。

扎曲发源于青海省杂多县境内的唐古拉山北麓，是澜沧江的正源。河流流向自西北向东南流经青海省囊谦县后进入西藏境内昌都市，在卡若区纳右岸支流昂曲汇入，汇合后始称澜沧江。扎曲流域面积 36 451 km²（西藏自治区水利电力规划勘测设计研究院，2014）。其中，西藏境内河长 128 km，流域面积为 14 030 km²（西藏自治区水利电力规划勘测设计研究院，2014）。地势是西北部高，山体较完整，分水岭地区保存着宽广的高原面；东南部低，山体被切割成星罗棋布状。河川径流的年内分配极不平衡，6—9 月的径流量占全年的 55%～78%；11 月至次年 4 月的径流量占全年的 11%～32%（西藏自治区水利电力规划勘测设计研究院，2014）。夏季径流量比重最大，约占 50%；秋季约占全年的 30%；春季占全年的 7%～12%，冬季占全年的比重最少，占 5%～10%（西藏自治区水利电力规划勘测设计研究院，2014）。河流月最大径流量多出现在 7 月，约占全年的 20%，月最小径流量多出现在 2 月，约占全年的 2%（西藏自治区水利电力规划勘测设计研究院，2014）。径流量过于集中，是由突出的干湿季分明的气候造成的。6—9 月的降水量占全年的 70%～96%（西藏自治区水利电力规划勘测设计研究院，2014）。

二、云南段

云南段的主要支流有漾濞江、西洱河、螳螂河、小黑江、威远江、补远江（又名罗梭江、南班河）、流沙河、南阿河等。

漾濞江是澜沧江在云南境内最大的支流，澜沧江第二大支流，全长 334 km，落差 1 402 m，平均比降 4.2‰，流域面积 11 970 km²，河口多年平均流量为 155 m³/s，水能理论蕴藏量为 82.5 万 kW。

威远江是云南境内较大的支流，全长 290 km，流域面积 8 800 km²，落差 1 700 m，平均比降 5.86‰，河口多年平均流量 193 m³/s，水能理论蕴藏量 43 万 kW。

补远江位于云南境内，长 282 km，流域面积 7 750 km²，落差 1 245 m，河口多年平均流量为 185 m³/s，水能理论蕴藏量为 58 万 kW。

西洱河是支流中水能资源利用条件最优越的河流，上游有洱海作为较大调节水库（总库容约 29 亿 m³），河长 22 km（洱海出海口以下），下游有大于 600 m 的落差，河口流量约 30 m³/s，水能理论蕴藏量达 27 万 kW。

第四节 气象水文

一、气象特征

澜沧江自北向南的自然景观涵盖了除沙漠气候环境之外的所有地表形态：冰川区的寒带、寒温带、温带、暖温带、亚热带、热带等干冷、干热和湿热的多种气候带；穿越了冰川、草甸、高原、高山峡谷、中低山宽谷、冲积平原等地理单元。澜沧江流域主要受西风带环流控制，受西风带大气系统影响，还受副热带、热带天气系统影响，立体气候明显，类型多样（刘绍平 等，2016）。

河源段青海境内属于大陆性季风气候，日照时间长，辐射强烈，日温差大，降水量多而集中，四季不分明，只有冷暖两季，干旱少雨。

澜沧江西藏段地处横断山脉，气候多样，西北部、北部严寒干燥，东南部温和湿润。由于山高谷深，地形复杂，属于立体性气候；日照时间长，辐射强，昼夜温差大；干湿分明，夏季多雨，冬春多风；年平均气温 7.6 ℃，年降水量 400～600 mm，无霜期 80～127 d；降水量大的月份也正是气温高的时期，致使夏季的融水补给量最大；降水的多年变化较小，地下水和冰雪融水在河流的补给中占相当大的比重（西藏自治区水利电力规划勘测设计研究院，2014）。自 20 世纪 80 年代以来，澜沧江西藏段的年平均气温和年降水量基本呈较明显的上升趋势，而年径流量呈一定的下降趋势（李红霞等，2016）。

澜沧江云南段属亚热带和热带季风气候，受纬度和垂直高差影响，立体气候特征明显。

二、水文特征

澜沧江-湄公河是世界第七长河，亚洲第三长河，东南亚第一长河，是世界上极具影响力的国际河流。澜沧江-湄公河全长约 4 880 km，流域面积 80 万 km²，总落差约 5 167 m，平均比降 1.04‰，多年平均径流量 4 750 亿 m³（何大明 等，2000）。澜沧江-湄公河中国境内干流总长 2 129 km，其中青海境内 448 km，西藏境内 465 km，云南境内 1 216 km；中国境内流域面积 16.48 万 km²，其中青海、西藏境内 7.61 万 km²，云南境内 8.87 万 km²；中国境内多年平均流量 2 140 m³/s（何大明 等，2000）。

根据昌都水文站 2018 年的监测数据，澜沧江西藏段枯水期、丰水期明显。其中 1—4 月为枯水期，水位一般在 2.0 m 以下，流量在 500 m³/s 以下；6—10 月为丰水期，降雨集中，最高水位攀升到 7.0 m 左右，最大流量达 2 160 m³/s；11 月水位回落到雨季前水平，流量降至 600 m³/s 以下，再次进入枯水期（图 1-3、图 1-4）。

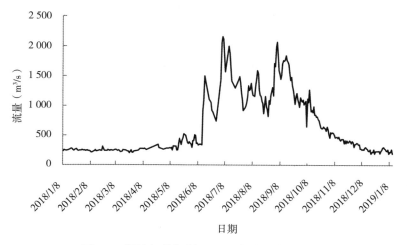

图 1-3　澜沧江昌都断面 2018 年流量变化趋势

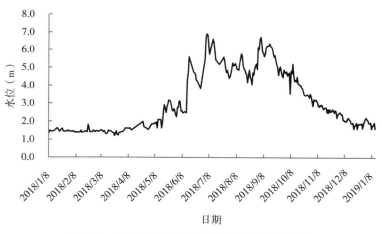

图 1-4　澜沧江昌都断面 2018 年水位变化趋势

第五节　水能资源及开发概况

　　澜沧江具有落差大、水量充沛等特点，水能资源非常丰富，已成为我国最重要的水能开发阵地之一。根据 2009 年 9 月长江水利委员会编制的《澜沧江流域综合规划报告》，推荐干流水能资源按 31 级开发，从上往下依次为阿通、达日阿卡、公都、扎曲、娘拉、冬中、果多、向达、如意、林场、侧格、约龙、卡贡、班达、如美、古学、古水、乌弄龙、里底、托巴、黄登、大华桥、苗尾、功果桥、小湾、漫湾、大朝山、糯扎渡、景洪、橄榄坝和勐松，总装机容量 31 309.9 MW，年发电量 1 468.16 亿 kW·h。

　　截至 2019 年，澜沧江西藏段干流除果多水电站已建成发电外，其他梯级还处于前期筹划阶段；云南境内的乌弄龙、里底、托巴等梯级正在建设当中，黄登、大华桥、苗尾、功果桥、小湾、漫湾、大朝山、糯扎渡、景洪等梯级已运行发电。

澜沧江上游支流也多有梯级规划，部分支流的梯级已建成发电，如青海境内的子曲水电站，西藏境内的金河水电站、麦曲水电站、觉巴水电站，云南境内的漾洱水电站等。

第六节　澜沧江水生生物研究概况

一、鱼类地理区划

根据李思忠（1981）对中国淡水鱼类的分区，澜沧江上游属华西区的康藏亚区，表现出青藏高原区鱼类区系的特点，其代表种类是裂腹鱼类和高原鳅类；下游属华南区的怒澜亚区，为动物地理区划的东洋界，主要是横断山区南部的低海拔地区，以热带山区为主，雨旱季季节明显，其代表种类为鲃亚科、野鲮亚科、鳠鲱鱼类、南鳅属、副鳅属、沙鳅亚科及鲇形目、鲱形目、鲈形目、鲀形目鱼类；中游为横断山区南部，系两个鱼类地理区划的过渡段，包含两种区系成分鱼类。

在鱼类起源上，澜沧江的鱼类主要由 5 个复合体组成：①中国平原区系复合体；②南方平原区系复合体；③南方山地区系复合体；④中亚山地区系复合体；⑤新近纪早期区系复合体（刘绍平 等，2016）。

二、鱼类资源及其构成特点

（一）种类组成

根据《中国动物志——硬骨鱼纲》（包括鲇形目和鲤形目）、《中国鲤科鱼类志》（上、下卷）、《云南鱼类志》（上、下卷）、《中国条鳅志》、《青藏高原鱼类》、《西藏鱼类及其资源》、《横断山区鱼类》、《云南湖泊鱼类资源》和《澜沧江水生生物物种资源调查》等文献资料记载，澜沧江流域共分布有鱼类 10 目 28 科 99 属（亚属）174 种。其中，上游分布有鱼类 28 种、中游 56 种、下游 124 种、洱海水域 27 种。174 种分布鱼类中，属澜沧江土著鱼类有 152 种，隶属于 8 目 21 科 81 属，其余 22 种为外来鱼类（刘绍平 等，2016）。

（二）构成特点

澜沧江水资源丰富，气候类型多样，水体理化性状好，非常适合鱼类等水生生物的生存和繁衍。其鱼类资源构成特点归纳起来有以下几点：①物种多样性丰富；②特有种类多；③鱼类资源中以鲤科鱼类种类最多、分布最广；④濒危种类日趋增多；⑤渔业资源人工驯化潜力大（刘绍平 等，2016）。

三、其他水生生物研究概况

澜沧江的浮游植物、浮游动物、水生植物和底栖动物等水生生物研究资料相对有限。陈燕琴等（2012）详细报道了澜沧江囊谦段夏秋季的浮游植物群落结构。唐文家（2012）对青海省澜沧江水系的水生生物资源进行了初步调查，共调查到浮游植物4门53种，浮游动物24种，底栖动物16种。

邓新晏等（1987）于1984年2月首次对澜沧江中游的藻类植物进行了调查，共采集到藻类植物88种及变种，分别隶属于6门8纲19目27科50属。浮游种类的平均密度为120 000个/L。在种类和数量的组成上，以硅藻、绿藻、蓝藻为主，硅藻占优势。优势属种是一些适应于在流水中着生的种类，如红藻中的淡水红毛菜和奥杜藻，绿藻中的刚毛藻，硅藻中的等片藻、曲壳藻、卵形藻和异极藻等。我国的特有属和稀有种——空盘藻属和中华鱼子菜也有一定的分布；具有食用与药用价值的溪菜数量也较多，由此可见，澜沧江中游有着丰富的藻类植物资源。

澜沧江流域水电梯级开发后，为探讨水电站建设对水域生态的影响，也进行了一些针对水电站库区的研究。例如，巴重振等（2009）于2008年1—6月对澜沧江干流的漫湾水电站和大朝山水电站库区进行浮游藻类调查。两库区共检出浮游藻类7门28属。藻细胞密度变化范围：大朝山库区（0.06~2.28）×10^6个/L，漫湾库区（0.12~4.86）×10^6个/L。藻类的组成和数量随环境和水文条件呈现一定的变化，其中1—2月主要是蓝藻、硅藻和绿藻，3—6月主要是硅藻。两库区比较，漫湾库区的总藻数明显高于大朝山库区。

四、开展澜沧江西藏段渔业资源与环境调查的意义

（1）掌握本底资料，弥补历史研究空白　由于地理环境和经济发展条件限制，我国对于澜沧江西藏段渔业资源与环境的研究极少。过去有关澜沧江水生生物的研究仅有零星的报道，且多集中在物种分类上，缺乏系统的渔业资源与环境本底数据。因此，无论是在时空上还是在研究的完整性上，澜沧江西藏段的渔业资源与环境信息都留有很多空白。只有深入开展调查研究，才能准确掌握澜沧江西藏段渔业资源与环境的本底状况，填补相关的研究空白。

（2）丰富横断山区鱼类多样性与地理分布研究　澜沧江地处横断山区，地理环境复杂多变，特有鱼类占比较高，人类活动干扰相对较少，是研究鱼类生物地理学的理想区域。因此，开展澜沧江西藏段渔业资源与环境研究，将有助于推动横断山区鱼类多样性、地理分布及其形成机制等理论研究的发展。

（3）为水生生物保护及流域综合开发利用规划提供依据　澜沧江西藏段既是当地经济社会发展的重要阵地，也是众多水生生物的栖息家园。一方面，开发澜沧江丰富的水能资源及独特的水生生物资源有利于当地经济社会发展；另一方面，澜沧江西藏段生态较为脆弱，对人类干扰活动极为敏感。区域内的鱼类普遍生长缓慢、性成熟晚、繁殖周期长，一旦受到过度干扰，种群很难自然恢复。近年来澜沧江西藏段的人类活动越来越频繁，给水

生生物的生存带来了威胁。如何协调好保护与发展的问题是目前急切需要解决的关键问题。过去由于研究资料少,澜沧江西藏段土著鱼类的资源量、栖息地分布、生态习性等信息掌握的非常有限,导致很难提出较为切合实际的鱼类保护措施。而系统开展渔业资源与环境调查研究,必将有助于科学制订澜沧江西藏段的水生生物保护措施及流域综合开发利用规划。

第二章
澜沧江西藏段渔业水环境

第一节　研究区域及方法

一、研究区域

研究区域为澜沧江西藏段干流和主要支流。设置了8个水环境调查断面，其中干流4个样点（曲孜卡、如美、卡若、扎曲），支流4个样点（麦曲、金河、昂曲、热曲）（图2-1）。

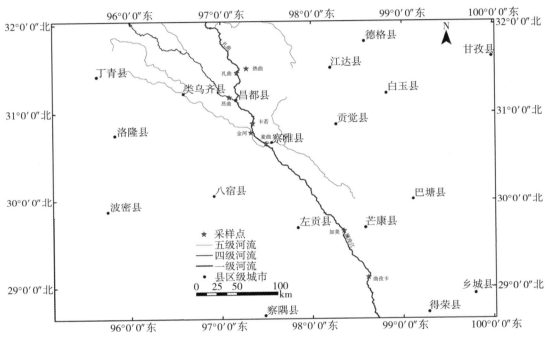

图 2-1　澜沧江上游西藏段水质监测样点分布

二、研究方法

本研究共开展了7次野外调查，时间分别为2017年4月、2017年9月、2018年4月、2018年7月、2018年10月、2019年4月和2019年9月。

调查指标包括水温、溶解氧、酸碱度（pH）、电导率、流速、透明度、水面宽、磷酸盐、硝酸盐、亚硝酸盐、总氮、总磷、氨氮、总悬浮物（TSS）、化学需氧量（COD）等。其中，水温、pH、溶解氧、电导率采用多参数便携式水质分析仪（美国哈希 HQ40d）测定，透明度采用塞氏盘法测定，流速采用便携式流速仪（FP311 流速仪）测定，水面宽采用激光测距仪（欧尼卡 2000L）测定；总悬浮物、总氮、总磷、磷酸盐、硝酸盐、亚硝酸盐、氨氮、化学需氧量等指标则先利用采水器在每个监测点取表层水样，然后带回室内采用便携式分光光度计（美国哈希 DR1900）当天检测。

第二节　水体物理指标

一、水面宽

澜沧江西藏段的水面宽依江段和季节的不同而有较大变化。曲孜卡断面的水面宽为47～95 m，如美断面的水面宽为50～101 m，麦曲断面的水面宽为29～63 m，金河断面的水面宽为34～63 m，卡若断面的水面宽为70～100 m，昂曲断面的水面宽为54～83 m，扎曲断面的水面宽为70～158 m，热曲断面的水面宽为22～35 m（表2-1）。总体而言，澜沧江西藏段河道狭窄，水面最宽的扎曲断面也不足200m，夏季丰水期的水面宽可达春季枯水期的2倍。

表 2-1　澜沧江西藏段各调查断面的水面宽

（单位：m）

断面	2017 年		2018 年			2019 年	
	4 月	9 月	4 月	7 月	10 月	4 月	9 月
曲孜卡	47	89	64	95	75	73	82
如美	63	82	50	101	73	58	69
麦曲	55	63	57	55	29	—	54
金河	34	52	—	63	51	—	55
卡若	70	89	83	100	86	78	95
昂曲	—	82	78	54	80	75	83
扎曲	95	123	70	91	120	95	158
热曲	26	28	28	35	32	22	32

二、流速

澜沧江西藏段的流速依江段和季节的不同而有较大变化。曲孜卡断面的流速为1.2～3.0 m/s，如美断面的流速为0.8～2.0 m/s，麦曲断面的流速为0.5～1.3 m/s，金河断面的流速为0.8～1.7 m/s，卡若断面的流速为0.8～2.6 m/s，昂曲断面的流速为0.6～1.6 m/s，扎曲断面的流速为0.7～1.3 m/s，热曲断面的流速为1.0～1.3 m/s（表2-2）。总体来看，澜沧江西藏段流速快，且随着季节的不同而存在一定的差异，符合峡谷激流的生境特征。

表 2-2　澜沧江西藏段各调查断面的流速

（单位：m/s）

断面	2017 年		2018 年			2019 年	
	4 月	9 月	4 月	7 月	10 月	4 月	9 月
曲孜卡	1.7	1.2	1.4	3.0	1.5	2.0	1.8

（续）

断面	2017 年		2018 年			2019 年	
	4 月	9 月	4 月	7 月	10 月	4 月	9 月
如美	1.2	0.8	0.9	2.0	1.2	1.8	1.5
麦曲	1.3	0.8	1.1	1.1	1.0	1.1	0.5
金河	1.6	1.6	—	1.7	0.8	—	0.9
卡若	2.6	1.1	0.9	0.8	1.0	1.0	0.8
昂曲	0.6	1.0	1.3	1.5	1.6	1.3	0.6
扎曲	1.3	1.3	0.7	1.0	1.3	1.0	0.9
热曲	1.2	1.3	1.3	1.2	1.0		1.1

三、透明度

澜沧江西藏段的透明度依江段和季节的不同而有较大变化。曲孜卡断面的透明度为 0～26 cm，如美断面的透明度为 0～34 cm，麦曲断面的透明度为 1～24 cm，金河断面的透明度为 21～68 cm，卡若断面的透明度为 10～23 cm，昂曲断面的透明度为 10～30 cm，扎曲断面的透明度为 7～75 cm，热曲断面的透明度为 5～40 cm（表 2-3）。在大多数情况下，澜沧江西藏段水体呈土黄色浑浊状态，透明度保持在较低水平，整个调查期间未发现有透明度大于 80 cm 的江段和时段。

表 2-3　澜沧江西藏段各调查断面的透明度

（单位：cm）

断面	2017 年		2018 年			2019 年	
	4 月	9 月	4 月	7 月	10 月	4 月	9 月
曲孜卡	15	10	23	0	20	26	10
如美	22	12	28	0	34	20	9
麦曲	24	10	17	1	20	15	15
金河	33	68	45	21	60	—	28
卡若	19	18	13	10	23	16	10
昂曲	26	13	18	10	30	20	15
扎曲	39	57	50	17	75	20	7
热曲	5	26	35	15	40	38	25

四、水温

澜沧江西藏段的水温总体较低，一般维持在 18 ℃以下，具备高原河流典型的水温特征。曲孜卡断面的水温为 10.3～17.7 ℃，如美断面的水温为 8.5～15.8 ℃，麦曲断面的水温为 7.5～22.5 ℃，金河断面的水温为 7.4～15.9 ℃，卡若断面的水温为 7.9～15.8 ℃，昂曲断面的水温为 8.9～16.0 ℃，扎曲断面的水温为 6.3～15.2 ℃，热曲断面的水温为 6.4～18.3 ℃（表 2-4）。

表 2-4　澜沧江西藏段各调查断面的水温

（单位：℃）

断面	2017 年		2018 年			2019 年	
	4 月	9 月	4 月	7 月	10 月	4 月	9 月
曲孜卡	11.3	15.5	12.7	17.1	10.7	10.3	17.7
如美	10.8	15.7	13.1	14.9	8.5	8.9	15.8
麦曲	14.2	22.5	12.1	15.7	9.4	7.5	13.4
金河	12.6	15.9	11.3	14.6	7.4	—	12.9
卡若	12.1	13.5	11.4	15.8	9.1	7.9	13.2
昂曲	11.4	16.0	10.8	15.2	10.0	8.9	12.8
扎曲	12.4	15.0	9.6	15.2	8.4	6.3	11.3
热曲	12.0	18.3	7.1	13.6	6.7	6.4	8.1

五、酸碱度

曲孜卡断面的酸碱度（pH）为 8.12～8.67，如美断面的 pH 为 8.19～8.86，麦曲断面的 pH 为 7.63～8.82，金河断面的 pH 为 8.22～8.80，卡若断面的 pH 为 7.74～8.74，昂曲断面的 pH 为 8.12～8.74，扎曲断面的 pH 为 7.88～8.70，热曲断面的 pH 为 8.01～8.77（表 2-5）。澜沧江西藏段总体呈弱碱性，不同季节的变化幅度不大。

表 2-5　澜沧江西藏段各调查断面的酸碱度

断面	2017 年		2018 年			2019 年
	4 月	9 月	4 月	7 月	10 月	4 月
曲孜卡	8.12	8.67	8.43	8.55	8.48	8.61
如美	8.19	8.86	8.41	8.64	8.59	8.65
麦曲	7.63	8.82	8.62	8.74	8.51	8.76
金河	8.22	8.80	8.66	8.73	8.51	—
卡若	7.78	8.74	7.74	8.69	8.44	8.62
昂曲	8.12	8.74	8.52	8.71	8.44	8.60
扎曲	7.88	8.70	8.53	8.69	8.48	8.67
热曲	8.01	8.77	8.60	8.77	8.59	8.64

六、溶解氧

曲孜卡断面的溶解氧为 7.86～9.65 mg/L，如美断面的溶解氧为 7.60～9.43 mg/L，麦曲断面的溶解氧为 5.57～8.39 mg/L，金河断面的溶解氧为 6.94～8.87 mg/L，卡若断面的溶解氧为 7.07～8.54 mg/L，昂曲断面的溶解氧为 7.23～8.52 mg/L，扎曲断面的溶解氧为 7.31～9.46 mg/L，热曲断面的溶解氧为 5.98～8.68 mg/L（表 2-6）。总体而言，澜沧江西藏段溶解氧水平较高，且在不同断面、不同季节间存在一定的波动。

表 2-6　澜沧江西藏段各调查断面的溶解氧

（单位：mg/L）

断面	2017 年		2018 年			2019 年	
	4 月	9 月	4 月	7 月	10 月	4 月	9 月
曲孜卡	8.45	7.86	8.60	8.69	9.65	8.93	8.38
如美	8.40	7.60	8.17	8.82	9.43	9.06	8.30
麦曲	7.02	5.57	7.40	7.42	8.39	8.39	7.88
金河	7.54	6.94	7.49	8.12	8.87	—	8.16
卡若	7.62	7.07	8.54	7.30	8.43	8.42	7.90
昂曲	7.61	6.64	7.54	7.23	8.52	7.98	7.59
扎曲	7.31	8.10	7.68	9.04	9.37	8.29	9.46
热曲	7.23	5.98	8.33	7.22	8.68	8.47	8.58

七、电导率

　　曲孜卡断面的电导率为 $427\sim674\ \mu S/cm$，如美断面的电导率为 $334\sim672\ \mu S/cm$，麦曲断面的电导率为 $209\sim527\ \mu S/cm$，金河断面的电导率为 $258\sim424\ \mu S/cm$，卡若断面的电导率为 $415\sim710\ \mu S/cm$，昂曲断面的电导率为 $112\sim735\ \mu S/cm$，扎曲断面的电导率为 $422\sim784$ m，热曲断面的电导率为 $270\sim350\ \mu S/cm$（表 2-7）。总体而言，澜沧江西藏段电导率较高，波动范围大。

表 2-7　澜沧江西藏段各调查断面的电导率

（单位：$\mu S/cm$）

断面	2017 年		2018 年			2019 年	
	4 月	9 月	4 月	7 月	10 月	4 月	9 月
曲孜卡	674	432	662	427	503	616	467
如美	660	463	672	334	501	614	476
麦曲	527	331	504	209	325	517	285
金河	351	291	424	258	343	—	306
卡若	710	525	755	415	558	647	546
昂曲	730	557	719	485	112	735	525
扎曲	722	546	784	422	551	602	540
热曲	280	301	348	270	321	350	318

八、总悬浮物

　　澜沧江西藏段的总悬浮物浓度依江段和季节的不同而有较大变化。曲孜卡断面的总悬浮物浓度为 $21\sim123$ mg/L 或超检测上限，如美断面的总悬浮物浓度为 $23\sim536$ mg/L，麦曲断面的总悬浮物浓度为 27～133 mg/L 或超检测上限，金河断面的总悬浮物浓度为 4～79 mg/L，卡若断面的总悬浮物浓度为 32～198 mg/L，昂曲断面的总悬浮物浓度为 18～224 mg/L，扎曲断面的总悬浮物浓度为 7～259 mg/L，热曲断面的总悬浮物浓度为 15～214 mg/L（表 2-8）。总体上看，澜沧江西藏段的总悬浮物浓度存在剧烈波动，春季浓度相对较低，夏季和秋季浓度相对较高，特别是夏季的总悬浮物浓度甚至超过检测上限。

表 2-8　澜沧江西藏段各调查断面的总悬浮物浓度

（单位：mg/L）

断面	2017 年		2018 年			2019 年	
	4 月	9 月	4 月	7 月	10 月	4 月	9 月
曲孜卡	63	123	42	超检测上限	21	46	122
如美	32	76	49	536	23	41	156
麦曲	27	50	133	超检测上限	60	103	73
金河	21	4	79	70	18	—	10
卡若	41	33	126	198	32	47	134
昂曲	24	79	43	224	18	58	214
扎曲	14	7	8	78	11	37	259
热曲	169	17	26	93	15	21	214

第三节　水体化学指标

一、磷酸盐

澜沧江西藏段的磷酸盐含量依江段和季节的不同而有较大变化。曲孜卡断面的磷酸盐浓度为 0～0.17 mg/L（图 2-2），如美断面的磷酸盐浓度为 0.02～0.26 mg/L（图 2-3），麦曲断面的磷酸盐浓度为 0.01～0.19 mg/L（图 2-4），金河断面的磷酸盐浓度为 0.01～0.06 mg/L（图 2-5），卡若断面的磷酸盐浓度为 0.01～0.14 mg/L（图 2-6），昂曲断面的磷酸盐浓度为 0.01～0.12 mg/L（图 2-7），扎曲断面的磷酸盐浓度为0.01～0.03 mg/L（图 2-8），热曲断面的磷酸盐浓度为 0～

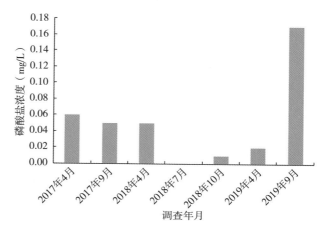

图 2-2　澜沧江西藏段曲孜卡断面 2017—2019 年
磷酸盐浓度变动情况

0.10 mg/L（图 2-9）。

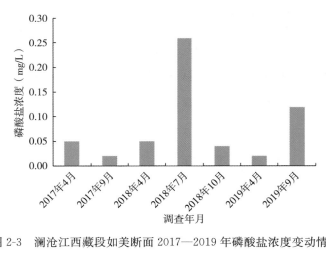

图 2-3　澜沧江西藏段如美断面 2017—2019 年磷酸盐浓度变动情况

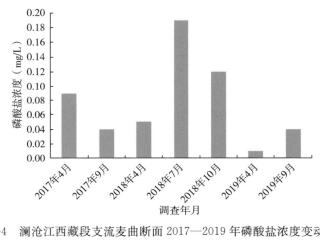

图 2-4　澜沧江西藏段支流麦曲断面 2017—2019 年磷酸盐浓度变动情况

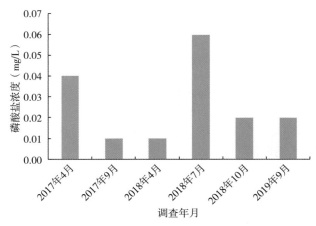

图 2-5　澜沧江西藏段支流金河断面 2017—2019 年磷酸盐浓度变动情况

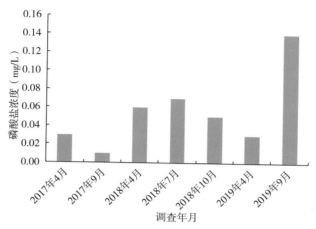

图 2-6　澜沧江西藏段卡若断面 2017—2019 年磷酸盐浓度变动情况

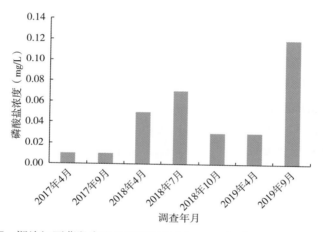

图 2-7　澜沧江西藏段支流昂曲断面 2017—2019 年磷酸盐浓度变动情况

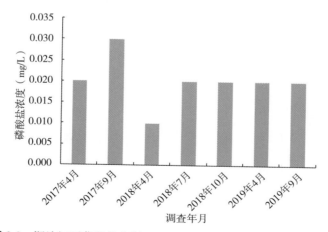

图 2-8　澜沧江西藏段扎曲断面 2017—2019 年磷酸盐浓度变动情况

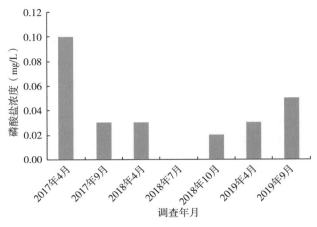

图 2-9 澜沧江西藏段支流热曲断面 2017—2019 年磷酸盐浓度变动情况

二、硝酸盐

澜沧江西藏段的硝酸盐含量依江段和季节的不同而有较大变化。曲孜卡断面的硝酸盐浓度为 0～0.30 mg/L（图 2-10），如美断面的硝酸盐浓度为 0～1.10 mg/L（图 2-11），麦曲断面的硝酸盐浓度为 0～1.70 mg/L（图 2-12），金河断面的硝酸盐浓度为 0～0.60 mg/L（图 2-13），卡若

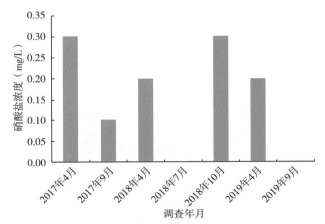

图 2-10 澜沧江西藏段曲孜卡断面 2017—2019 年硝酸盐浓度变动情况

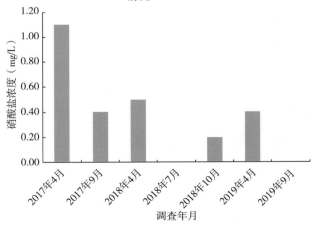

图 2-11 澜沧江西藏段如美断面 2017—2019 年硝酸盐浓度变动情况

断面的硝酸盐浓度为 0～1.40 mg/L（图 2-14），昂曲断面的硝酸盐浓度为 0～1.10 mg/L（图 2-15），扎曲断面的硝酸盐浓度为 0～0.80 mg/L（图 2-16），热曲断面的硝酸盐浓度为 0～0.60 mg/L（图 2-17）。

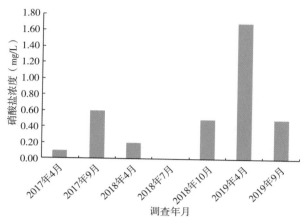

图 2-12　澜沧江西藏段段支流麦曲断面 2017—2019 年硝酸盐浓度变动情况

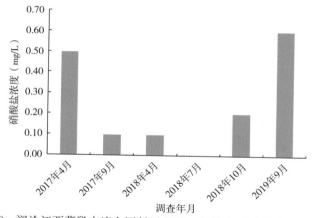

图 2-13　澜沧江西藏段支流金河断面 2017—2019 年硝酸盐浓度变动情况

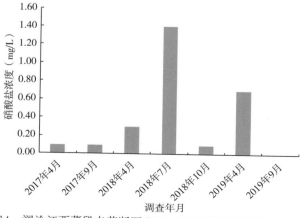

图 2-14　澜沧江西藏段卡若断面 2017—2019 年硝酸盐浓度变动情况

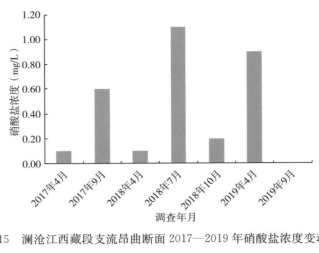

图 2-15　澜沧江西藏段支流昂曲断面 2017—2019 年硝酸盐浓度变动情况

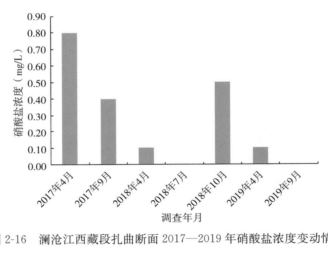

图 2-16　澜沧江西藏段扎曲断面 2017—2019 年硝酸盐浓度变动情况

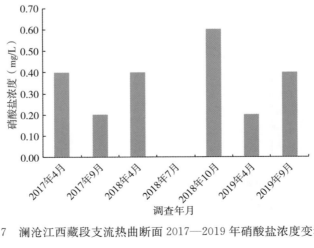

图 2-17　澜沧江西藏段支流热曲断面 2017—2019 年硝酸盐浓度变动情况

三、亚硝酸盐

澜沧江西藏段的亚硝酸盐含量依江段和季节的不同而有较大变化。曲孜卡断面的亚硝酸盐浓度为 0～0.005 mg/L（图 2-18），如美断面的亚硝酸盐浓度为 0～0.006 mg/L（图 2-19），麦曲断面的亚硝酸盐浓度为 0～0.004 mg/L（图 2-20），金河断面的亚硝酸盐浓度为 0～0.006 mg/L（图 2-21），卡若断面的亚硝酸盐浓度为 0～0.004 mg/L（图 2-22），昂曲断面的亚硝酸盐浓度为 0～0.006 mg/L（图 2-23），扎曲断面的亚硝酸盐浓度为 0～0.006 mg/L（图 2-24），热曲断面的亚硝酸盐浓度为 0～0.003 mg/L（图 2-25）。

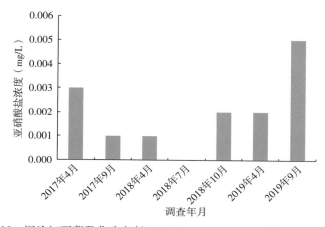

图 2-18　澜沧江西藏段曲孜卡断面 2017—2019 年亚硝酸盐浓度变动情况

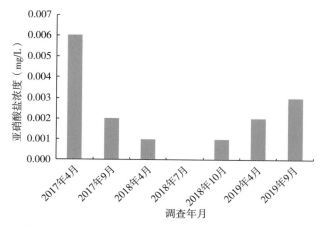

图 2-19　澜沧江西藏段如美断面 2017—2019 年亚硝酸盐浓度变动情况

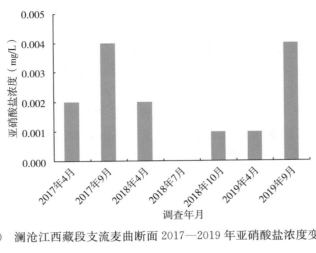

图 2-20 澜沧江西藏段支流麦曲断面 2017—2019 年亚硝酸盐浓度变动情况

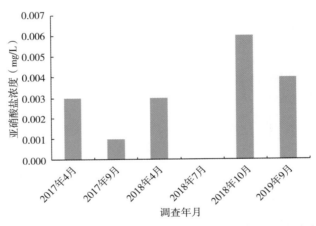

图 2-21 澜沧江西藏段支流金河断面 2017—2019 年亚硝酸盐浓度变动情况

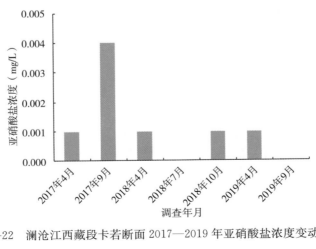

图 2-22 澜沧江西藏段卡若断面 2017—2019 年亚硝酸盐浓度变动情况

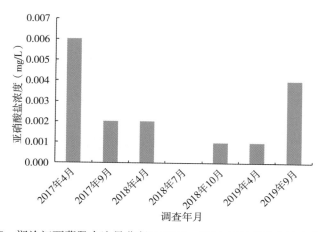

图 2-23 澜沧江西藏段支流昂曲断面 2017—2019 年亚硝酸盐浓度变动情况

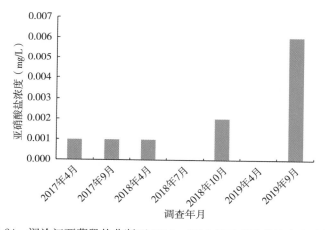

图 2-24 澜沧江西藏段扎曲断面 2017—2019 年亚硝酸盐浓度变动情况

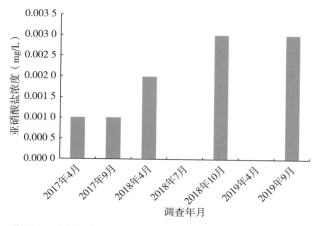

图 2-25 澜沧江西藏段支流热曲断面 2017—2019 年亚硝酸盐浓度变动情况

四、氨氮

澜沧江西藏段的氨氮含量依江段和季节的不同而有较大变化。曲孜卡断面的氨氮浓度为 0～1.63 mg/L（图 2-26），如美断面的氨氮浓度为 0.01～0.59 mg/L（图 2-27），麦曲断面的氨氮浓度为 0～0.93 mg/L（图 2-28），金河断面的氨氮浓度为 0.01～0.14 mg/L（图 2-29），卡若断面的氨氮浓度为 0.01～0.36 mg/L（图 2-30），昂曲断面的氨氮浓度为 0.01～0.20 mg/L（图 2-31），扎曲断面的氨氮浓度为 0～0.07 mg/L（图 2-32），热曲断面的氨氮浓度为 0～0.16 mg/L（图 2-33）。

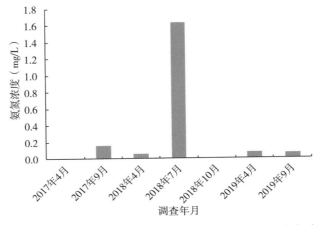

图 2-26　澜沧江西藏段曲孜卡断面 2017—2019 年氨氮浓度变动情况

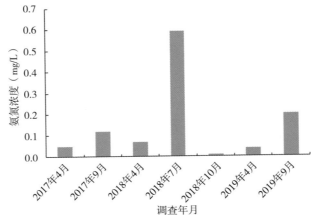

图 2-27　澜沧江西藏段如美断面 2017—2019 年氨氮浓度变动情况

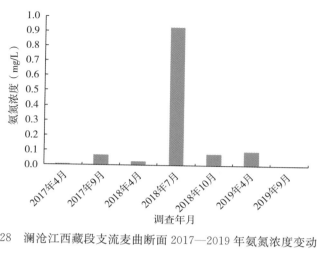

图 2-28　澜沧江西藏段支流麦曲断面 2017—2019 年氨氮浓度变动情况

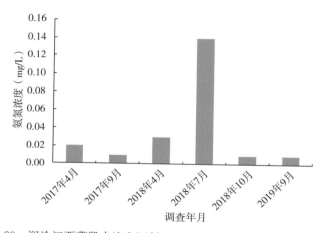

图 2-29　澜沧江西藏段支流金河断面 2017—2019 年氨氮浓度变动情况

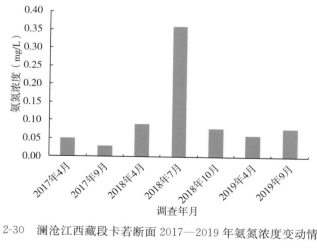

图 2-30　澜沧江西藏段卡若断面 2017—2019 年氨氮浓度变动情况

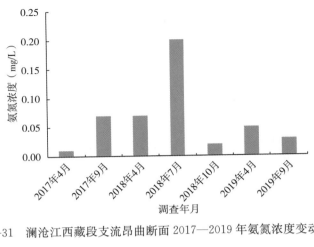

图 2-31　澜沧江西藏段支流昂曲断面 2017—2019 年氨氮浓度变动情况

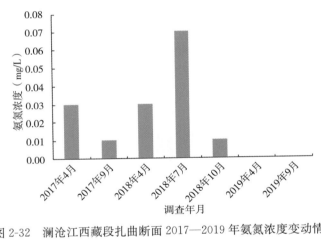

图 2-32　澜沧江西藏段扎曲断面 2017—2019 年氨氮浓度变动情况

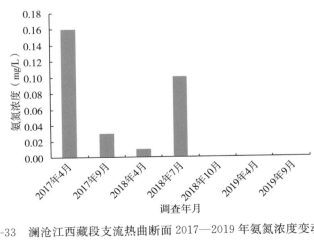

图 2-33　澜沧江西藏段支流热曲断面 2017—2019 年氨氮浓度变动情况

五、总氮

澜沧江西藏段的总氮含量依江段和季节的不同而有较大变化。曲孜卡断面的总氮浓度为 1.1～9.5 mg/L（图 2-34），如美断面的总氮浓度为 0.7～3.8 mg/L（图 2-35），麦曲断面的总氮浓度为 0～9.9 mg/L（图 2-36），金河断面的总氮浓度为 0～1.3 mg/L（图 2-37），卡若断面的总氮浓度为 0.4～5.2 mg/L（图 2-38），昂曲断面的总氮浓度为 0.7～2.9 mg/L（图 2-39），扎曲断面的总氮浓度为 0.3～2.5 mg/L（图 2-40），热曲断面的总氮浓度为 0～2.6 mg/L（图 2-41）。

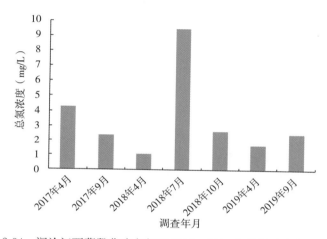

图 2-34　澜沧江西藏段曲孜卡断面 2017—2019 年总氮浓度变动情况

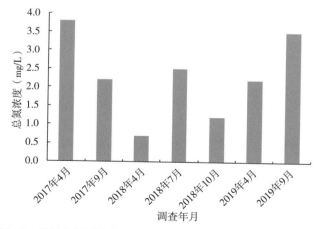

图 2-35　澜沧江西藏段如美断面 2017—2019 年总氮浓度变动情况

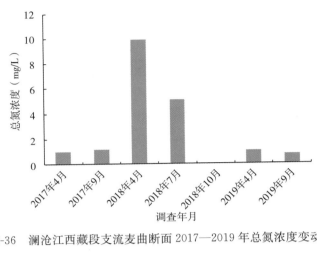

图 2-36　澜沧江西藏段支流麦曲断面 2017—2019 年总氮浓度变动情况

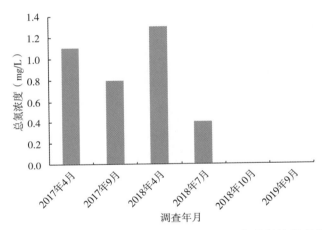

图 2-37　澜沧江西藏段支流金河断面 2017—2019 年总氮浓度变动情况

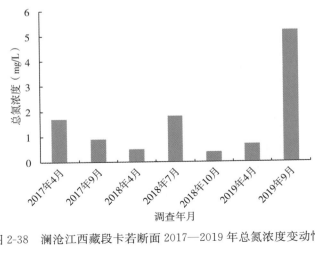

图 2-38　澜沧江西藏段卡若断面 2017—2019 年总氮浓度变动情况

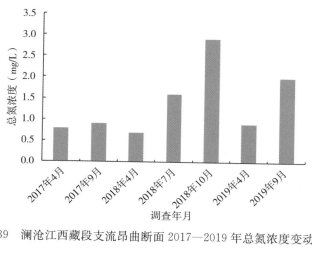

图 2-39　澜沧江西藏段支流昂曲断面 2017—2019 年总氮浓度变动情况

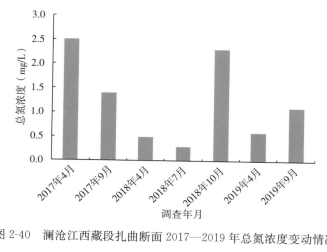

图 2-40　澜沧江西藏段扎曲断面 2017—2019 年总氮浓度变动情况

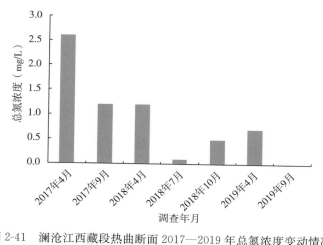

图 2-41　澜沧江西藏段热曲断面 2017—2019 年总氮浓度变动情况

六、总磷

澜沧江西藏段的总磷含量依江段和季节的不同而有较大变化。曲孜卡断面的总磷浓度为 0～0.71 mg/L（图 2-42），如美断面的总磷浓度为 0.28～1.06 mg/L（图 2-43），麦曲断面的总磷浓度为 0.29～1.53 mg/L（图 2-44），金河断面的总磷浓度为 0.08～0.53 mg/L（图 2-45），卡若断面的总磷浓度为 0.19～0.81 mg/L（图 2-46），昂曲断面的总磷浓度为 0.23～0.98 mg/L（图 2-47），扎曲断面的总磷浓度为 0.18～0.64 mg/L（图 2-48），热曲断面的总磷浓度为 0.13～0.76 mg/L（图 2-49）。

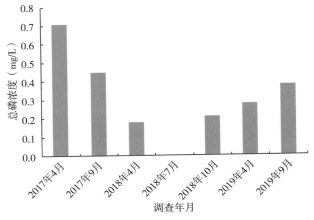

图 2-42 澜沧江西藏段曲孜卡断面 2017—2019 年总磷浓度变动情况

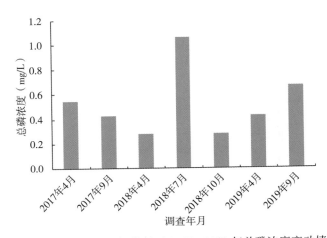

图 2-43 澜沧江西藏段如美断面 2017—2019 年总磷浓度变动情况

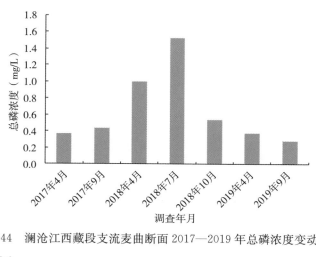

图 2-44　澜沧江西藏段支流麦曲断面 2017—2019 年总磷浓度变动情况

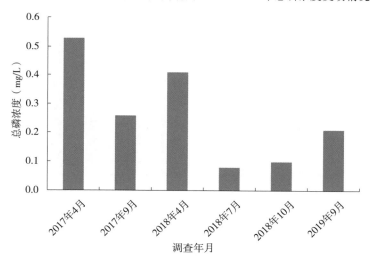

图 2-45　澜沧江西藏段支流金河断面 2017—2019 年总磷浓度变动情况

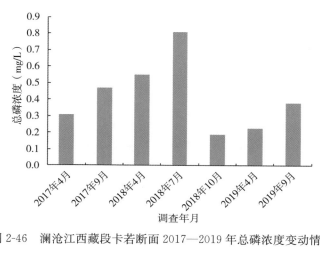

图 2-46　澜沧江西藏段卡若断面 2017—2019 年总磷浓度变动情况

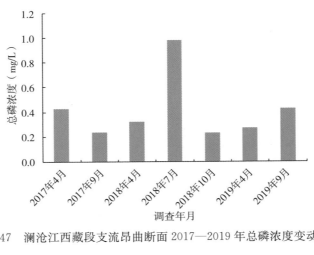

图 2-47　澜沧江西藏段支流昂曲断面 2017—2019 年总磷浓度变动情况

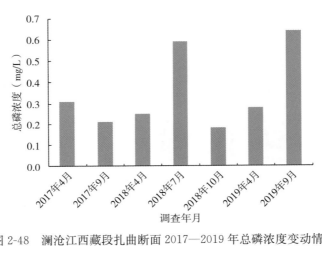

图 2-48　澜沧江西藏段扎曲断面 2017—2019 年总磷浓度变动情况

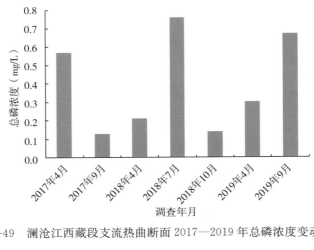

图 2-49　澜沧江西藏段支流热曲断面 2017—2019 年总磷浓度变动情况

七、化学需氧量

澜沧江西藏段的化学需氧量（COD）依江段和季节的不同而有较大变化。曲孜卡断面的 COD 为 0～895 mg/L（图 2-50），如美断面的 COD 为 0～180 mg/L（图 2-51），麦曲断面的 COD 为 0～246 mg/L（图 2-52），金河断面的 COD 为 0～75 mg/L（图 2-53），卡若断面的 COD 为 0～78 mg/L（图 2-54），昂曲断面的 COD 为 0～45 mg/L（图 2-55），扎曲断面的 COD 为 0～88 mg/L（图 2-56），热曲断面的 COD 为 5～59 mg/L（图 2-57）。

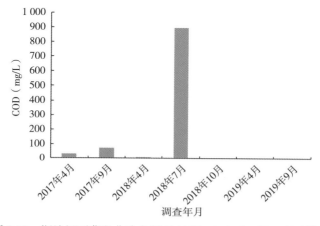

图 2-50　澜沧江西藏段曲孜卡断面 2017—2019 年 COD 变动情况

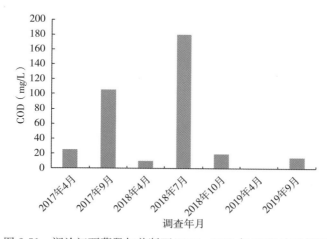

图 2-51　澜沧江西藏段如美断面 2017—2019 年 COD 变动情况

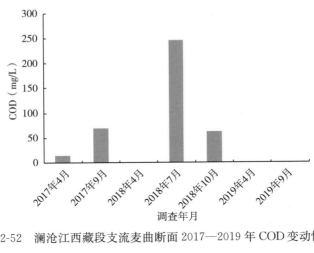

图 2-52　澜沧江西藏段支流麦曲断面 2017—2019 年 COD 变动情况

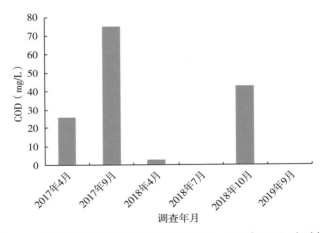

图 2-53　澜沧江西藏段支流金河断面 2017—2019 年 COD 变动情况

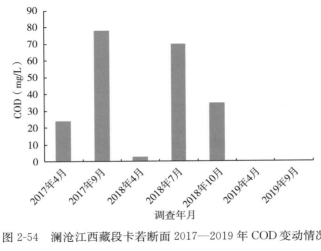

图 2-54　澜沧江西藏段卡若断面 2017—2019 年 COD 变动情况

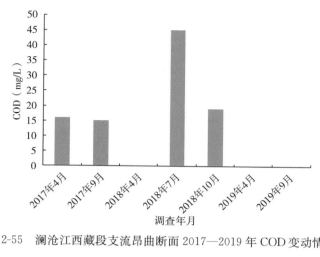

图 2-55　澜沧江西藏段支流昂曲断面 2017—2019 年 COD 变动情况

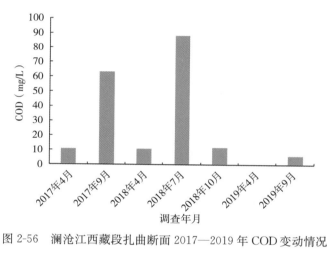

图 2-56　澜沧江西藏段扎曲断面 2017—2019 年 COD 变动情况

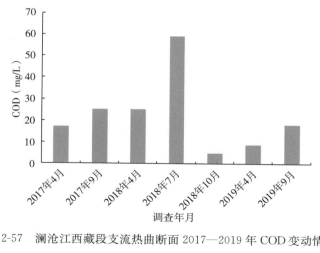

图 2-57　澜沧江西藏段支流热曲断面 2017—2019 年 COD 变动情况

八、叶绿素 a

澜沧江西藏段的叶绿素 a 含量依江段和季节的不同而有较大变化。曲孜卡断面的叶绿素 a 浓度为 0～12.28 μg/L（图 2-58），如美断面的叶绿素 a 浓度为 0～6.82 μg/L（图 2-59），麦曲断面的叶绿素 a 浓度为 0～10.92 μg/L（图 2-60），金河断面的叶绿素 a 浓度为 0～9.56 μg/L（图 2-61），卡若断面的叶绿素 a 浓度为 0～10.92 μg/L（图 2-62），昂曲断面的叶绿素 a 浓度为 0～15.01 μg/L（图 2-63），扎曲断面的叶绿素 a 浓度为 0～25.93 μg/L（图 2-64），热曲断面的叶绿素 a 浓度为 0～13.65 μg/L（图 2-65）。

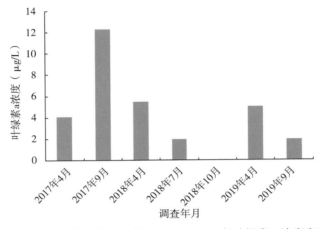

图 2-58　澜沧江西藏段曲孜卡断面 2017—2019 年叶绿素 a 浓度变动情况

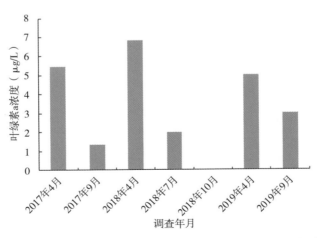

图 2-59　澜沧江西藏段如美断面 2017—2019 年叶绿素 a 浓度变动情况

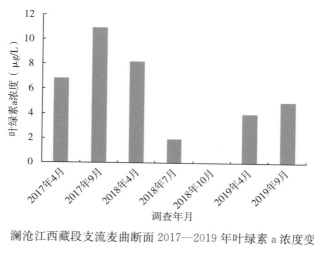

图 2-60　澜沧江西藏段支流麦曲断面 2017—2019 年叶绿素 a 浓度变动情况

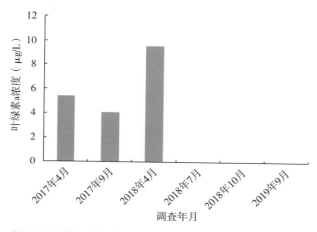

图 2-61　澜沧江西藏段支流金河断面 2017—2019 年叶绿素 a 浓度变动情况

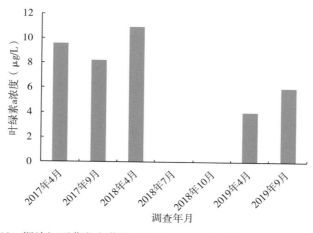

图 2-62　澜沧江西藏段卡若断面 2017—2019 年叶绿素 a 浓度变动情况

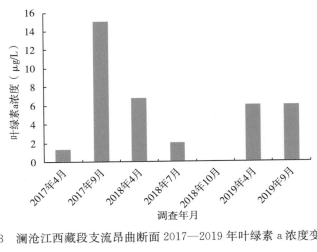

图 2-63 澜沧江西藏段支流昂曲断面 2017—2019 年叶绿素 a 浓度变动情况

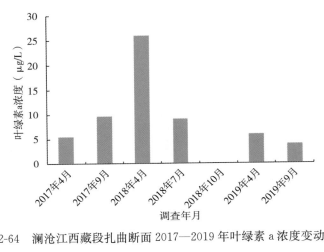

图 2-64 澜沧江西藏段扎曲断面 2017—2019 年叶绿素 a 浓度变动情况

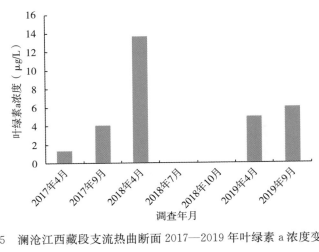

图 2-65 澜沧江西藏段支流热曲断面 2017—2019 年叶绿素 a 浓度变动情况

第三章
澜沧江西藏段浮游植物

第一节 研究方法

2017 年 4 月（春）、2017 年 9 月（秋）、2018 年 4 月（春）、2018 年 7 月（夏）、2018 年 10 月（秋）、2019 年 4 月（春）和 2019 年 9 月（秋）分别对澜沧江西藏段的浮游植物进行野外现场调查，具体调查的断面设置同水环境调查（详见第二章），包括干流 4 个断面、支流 4 个断面。浮游植物的定性样本采用 25♯ 浮游生物网在近岸水中以每秒 20～30 cm 的速度做∞形来回缓慢拖动约 3 min，然后加入 1‰ 鲁哥氏液固定，带回实验室进行种类鉴定和计数。浮游植物定量样本采用 1 L 采水器取表层下 0.5 m 左右的水样 10 次，经充分混合后，取 1 L 水样，加入 1‰ 鲁哥氏液固定，固定后样本静置沉淀、浓缩。浓缩采用"化学沉淀法"，即将固定后的样品摇匀后全部倒入沉淀器中静置 24～48 h，以虹吸管吸去上清液（操作中不能搅动液体，使沉淀在下部的固体物质随虹吸管中的液体逸出），必要时进行反复操作，直至样品浓缩至 30～50 mL 时装入样瓶中保存。

在显微镜下进行种类鉴定和计数。优势种类鉴定到种，其他种类至少鉴定到属。为了使计数方便，计数前最后核准一下浓缩沉淀后定量瓶中水样的实际体积，加入纯水至整量，如 30、50、100 mL 等。然后摇匀定量样品，用移液枪迅速吸出 0.1 mL 置于 0.1 mL 计数框内（面积 20 mm×20 mm），盖上盖玻片（22 mm×22 mm）后，确保计数框内无气泡，也没有水样溢出。

常用的计数方法有行格法和视野法。

（1）行格法　对计数框上的第 2 行、5 行、8 行，共 30 个小方格计数，数量少时可全片计数。

（2）视野法　利用显微镜的目镜视野来选取计数的面积。先用台微尺测量出在一定放大倍数下的视野直径，然后按圆面积计算求得视野面积，或由所用目镜的视野直径值除以物镜放大率求得视野直径。

一般在 10×40 或 16×40 倍显微镜下计数，即在 400～600 倍显微镜下计数。每瓶标本计数两片，取其平均值，每片计数 50～100 个视野，但视野数可按浮游植物的多少而酌情增减。如果平均每个视野不超过 2 个，要数 200 个视野；如果平均每个视野不超过 6 个，要数 100 个视野；如果平均每个视野有 10 几个，要数 50 个视野即可。同一样品的两片计算结果和平均数之差如不超过其均数的 ±15%，其均数视为有效结果，否则还必须测第三片，直至三片平均数与相近两数之差不超过均数的 ±15% 为止，这两个相近值的平均数可视为有效结果。

以香农-威纳（Shannon-Wiener）多样性指数（H'）来评估调查水域浮游植物的多样性。计算公式如下：

$$H' = -\sum D_i \ln D_i$$

式中，D_i 为第 i 个物种在群落中的相对密度，$D_i =$ 该物种个体数（n_i）/所有物种个体总数（n）。

第二节 种类组成

调查中，共采集鉴定出浮游植物 123 种，其中，硅藻门 90 种，占比 73.2%；蓝藻门 15 种，占比 12.2%；绿藻门 14 种，占比 11.4%；隐藻门 2 种，占比 1.6%；金藻门 1 种，占比 0.8%；裸藻门 1 种，占比 0.8%（附表 1）。

从不同年度各样点的出现率来看，2017 年最小舟形藻、长等片藻、双头舟形藻、异极藻、小桥弯藻、线性舟形藻、系带舟形藻、卵圆双眉藻共计 8 种浮游植物的出现率为 100%；2018 年等片藻、长等片藻、尖针杆藻、肘状针杆藻、曲壳藻共计 5 种浮游植物的出现率为 100%；2019 年普通等片藻、纤细等片藻、两头针杆藻、偏肿桥弯藻、优美桥弯藻、异极藻、曲壳藻、菱形藻共计 8 种浮游植物的出现率为 100%。

第三节 丰度及生物量

受营养元素匮乏、水体透明度较低等因素影响，澜沧江西藏段的浮游植物丰度及生物量均处于较低水平。

一、丰度

2017 年春季澜沧江西藏段的平均浮游植物丰度为 0.39×10^6 个/L，秋季的平均浮游植物丰度为 0.22×10^6 个/L。春季麦曲和热曲的浮游植物丰度较高，分别为 0.66×10^6 个/L 和 0.70×10^6 个/L，曲孜卡和如美的丰度较低（0.04×10^6 个/L 和 0.16×10^6 个/L）；秋季金河的浮游植物丰度最高（0.61×10^6 个/L），麦曲和热曲次之，其他断面的丰度较低且差异不大（图 3-1）。

2018 年春季澜沧江西藏段的平均浮游植物丰度为 6.47×10^6 个/L，夏季的平均浮游植物丰度为 1.51×10^6 个/L，秋季的平均浮游植物丰度为 0.75×10^6 个/L。春季麦曲和昂曲的浮游植物丰度较高，分别为 17.8×10^6 个/L 和 12.6×10^6 个/L，曲孜卡、如美和扎曲的丰度较低为 1.69×10^6 个/L、2.15×10^6 个/L 和 0.83×10^6 个/L，其他断面处于中间；夏季金河的浮游植物丰度最高，为 2.57×10^6 个/L，其他断面介于（$0.86 \sim 2.10$）$\times 10^6$ 个/L；秋季麦曲和热曲的浮游植物丰度较高，分别为 1.21×10^6 个/L 和 1.01×10^6 个/L，其他断面的丰度差异不大，范围在（$0.45 \sim 0.84$）$\times 10^6$ 个/L（图 3-2）。

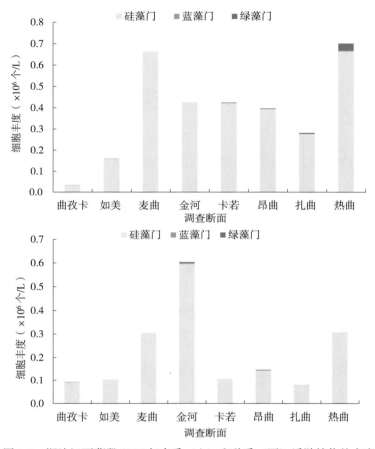

图 3-1　澜沧江西藏段 2017 年春季（上）和秋季（下）浮游植物的丰度

2019 年春季澜沧江西藏段的平均浮游植物丰度为 1.86×10^6 个/L，秋季的平均浮游植物丰度为 0.28×10^6 个/L。春季麦曲最高为 3.14×10^6 个/L，扎曲最低为 0.73×10^6 个/L；秋季昂曲最高为 1.45×10^6 个/L，如美最低为 0.01×10^6 个/L（图 3-3）。

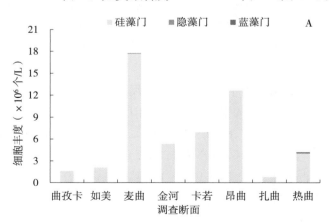

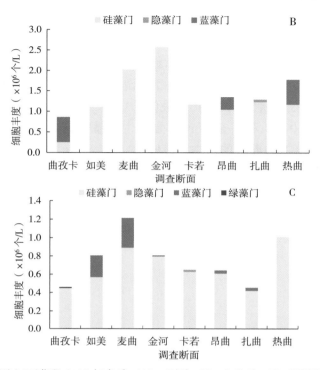

图 3-2　澜沧江西藏段 2018 年春季（A）、夏季（B）和秋季（C）浮游植物的丰度

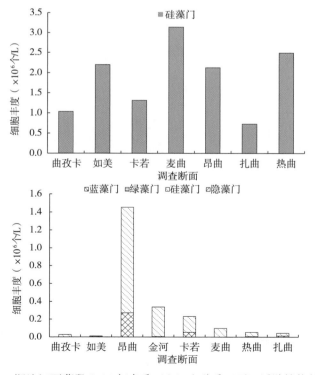

图 3-3　澜沧江西藏段 2019 年春季（上）和秋季（下）浮游植物的丰度

二、生物量

2017 年春季澜沧江西藏段的平均浮游植物生物量为 0.153 1 mg/L，秋季平均浮游植物生物量为 0.133 1 mg/L。春季卡若和热曲的浮游植物生物量最高，分别为 0.249 5 mg/L 和 0.302 8 mg/L，曲孜卡和金河的生物量最低（0.024 9 mg/L 和 0.076 1 mg/L），其他断面差异不大，处于中间；秋季金河和热曲的生物量最高，分别为 0.320 5 mg/L 和 0.257 4 mg/L，卡若和扎曲断面的生物量最低（0.027 8 mg/L 和 0.025 2 mg/L），其他断面生物量处于中间（图 3-4）。

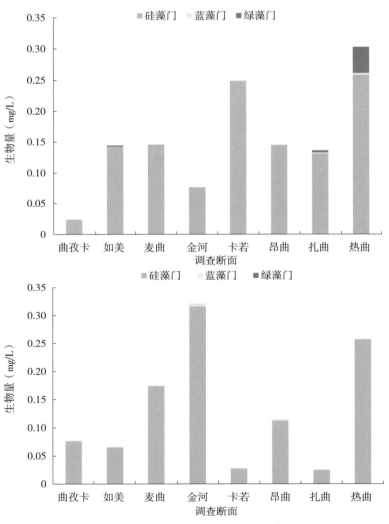

图 3-4 澜沧江西藏段 2017 年春季（上）和秋季（下）浮游植物的生物量

2018 年春季澜沧江西藏段的平均浮游植物生物量为 2.00 mg/L，夏季平均浮游植物生物量为 0.41 mg/L，秋季平均浮游植物生物量为 0.27 mg/L。春季麦曲的浮游植物生物量最高为 6.13 mg/L，曲孜卡、如美和扎曲断面生物量较低分别为 0.44 mg/L、0.71 mg/L 和 0.21 mg/L，其他断面生物量处于中间；夏季金河、麦曲和热曲浮游植物的生物量较高，分别为 0.61 mg/L、0.59 mg/L 和 0.58 mg/L，曲孜卡浮游植物生物量最低，仅为 0.09 mg/L，其他断面生物量处于中间；秋季麦曲和热曲的生物量较高，分别为 0.46 mg/L 和 0.42 mg/L，其他断面生物量介于 0.12～0.32 mg/L（图 3-5）。

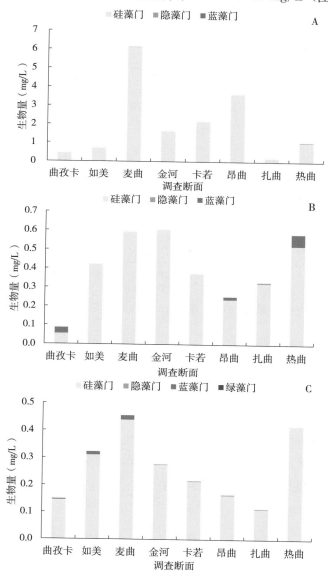

图 3-5　澜沧江西藏段 2018 年春季（A）、夏季（B）和秋季（C）浮游植物的生物量

2019 年春季澜沧江西藏段的平均浮游植物生物量为 2.71 mg/L，秋季平均浮游植物生物量为 0.33 mg/L。春季麦曲最高为 6.44 mg/L，扎曲最低为 0.60 mg/L；秋季昂曲最高为 1.62 mg/L，如美最低为 0.01 mg/L（图 3-6）。

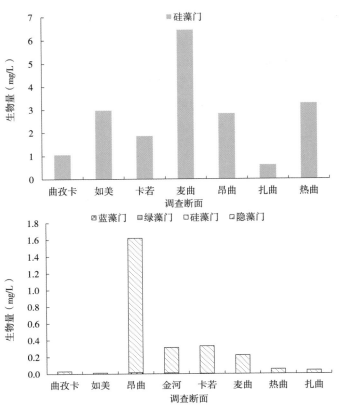

图 3-6　澜沧江西藏段 2019 年春季（上）和秋季（下）浮游植物的生物量

第四节　多　样　性

　　澜沧江西藏段浮游植物的香农-威纳多样性指数存在一定的波动，但总体上差异不大，无明显的变化规律（图 3-7）。从年际特征来看，2017 年春季浮游植物的多样性高于秋季，而 2018 年和 2019 年则是秋季的多样性高于春季。

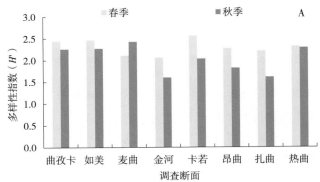

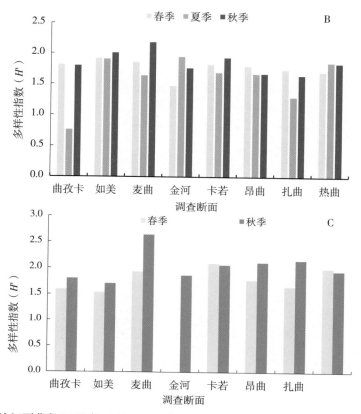

图 3-7　澜沧江西藏段 2017 年（A）、2018 年（B）和 2019 年（C）浮游植物的香农-威纳多样性指数

第四章

澜沧江西藏段浮游动物

第一节　研究方法

　　浮游动物的调查时间及样点设置同浮游植物调查（详见第二章）。浮游动物的定性样本采用 25♯浮游生物网在水中拖曳采集，加入 4%体积的甲醛固定，带回实验室进行种类鉴定和计数。轮虫和原生动物的定量直接使用浮游植物的定量样品。枝角类和桡足类的定量样本采用 1 L 采水器取上层水样 10 次，经充分混合后，通过 25♯浮游生物网进行过滤收集，加入 4%体积的甲醛固定，带回实验室利用显微镜进行种类鉴定和计数。计数前，充分摇匀定量样品，迅速、准确吸出规定体积的样品置于计数框内，盖上盖玻片后，计数框内应无气泡，也不应有水样溢出。原生动物用 0.1 mL 的计数框在 10×20 的放大倍数下计数，轮虫用 1 mL 的计数框在 10×10 的放大倍数下计数。一般计数两片，取其平均值（参阅浮游植物章节）。枝角类和桡足类样品分若干次全部计数。样品中无节幼体数量不多，可和枝角类、桡足类一样全部计数；如果数量很多，可把样品稀释到若干体积，并充分摇匀，取其中部分计数，计数若干片取其平均值，然后再换算成单位体积中个体数。

　　以香农-威纳多样性指数（H'）来评估调查水域浮游动物的多样性。

第二节　种类组成

　　澜沧江西藏段的浮游动物种类稀少，共检测出 30 种（或科/属），包括原生动物 10 种、轮虫 8 种（或属）、枝角类 5 种、桡足类 7 种（或科）（附表 2）。其中 2017 年仅检测到枝角类和桡足类 4 种，分别为长额象鼻溞、微型裸腹溞、无节幼体和美丽猛水蚤。2018 年检测出原生动物、轮虫、枝角类、桡足类共计 19 种。2019 年检测出原生动物、轮虫、枝角类、桡足类共计 12 种。

第三节　丰度及生物量

　　受作为食物来源的浮游植物生物量低、水体流速较高等因素影响，澜沧江西藏段浮游动物的丰度及生物量整体也保持较低的水平。

51

一、丰度

2018 年春季澜沧江西藏段的平均浮游动物丰度为 2.38 个/L，夏季平均浮游动物丰度为 8.13 个/L，秋季未检出浮游动物。春季如美、昂曲的浮游动物丰度较高，以轮虫和原生动物为优势种群，分别为 5 个/L 和 6 个/L，曲孜卡和扎曲采样点未发现浮游动物种类；夏季热曲的浮游动物丰度较高为 60 个/L，卡若断面的浮游动物丰度为 4.5 个/L，其他样点未检测到浮游动物（图 4-1）。

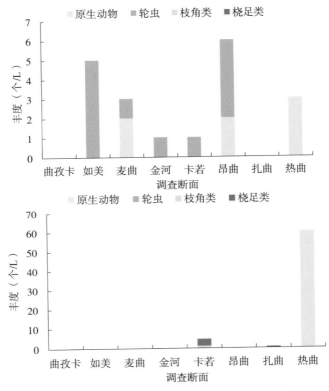

图 4-1　澜沧江西藏段 2018 年度春季（上）和夏季（下）浮游动物丰度

2019 年春季澜沧江西藏段的平均浮游动物丰度为 12.86 个/L，秋季平均浮游动物丰度为 11.25 个/L。春季热曲、扎曲的浮游动物丰度较高，以原生动物和桡足类为优势种群，分别为 60 个/L 和 30 个/L，其他样点未检测到浮游动物；秋季曲孜卡、如美、麦曲的浮游动物丰度较高，以原生动物为优势种群，丰度为 30 个/L，其他样点未检测到浮游动物（图 4-2）。

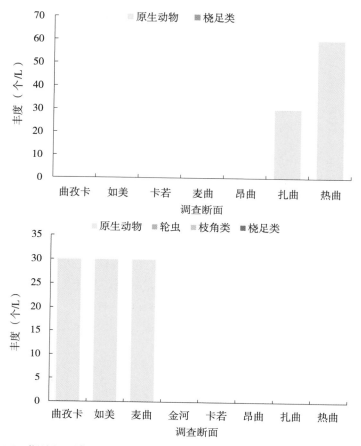

图 4-2　澜沧江西藏段 2019 年度春季（上）和秋季（下）的浮游动物丰度

二、生物量

2018 年春季澜沧江西藏段的平均浮游动物生物量为 0.001 84 mg/L，夏季平均浮游动物生物量为 0.006 38 mg/L。春季如美、昂曲断面的浮游动物生物量较高，分别为 0.006 mg/L 和 0.005 mg/L；夏季卡若断面的浮游动物生物量最高为 0.045 mg/L；秋季未检出浮游动物（图 4-3）。

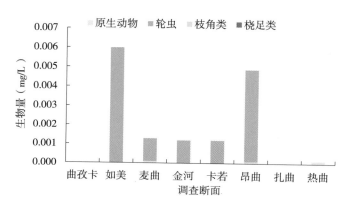

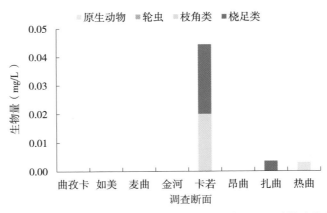

图 4-3 澜沧江西藏段 2018 年度春季（上）和夏季（下）浮游动物生物量

2019 年春季澜沧江西藏段的平均浮游动物生物量为 0.000 69 mg/L，秋季平均浮游动物生物量为 0.000 56 mg/L。春季扎曲、热曲的浮游动物生物量较高，分别为 0.001 9 mg/L 和 0.003 mg/L；秋季曲孜卡、如美的浮游动物生物量较高，均为 0.002 mg/L（图 4-4）。

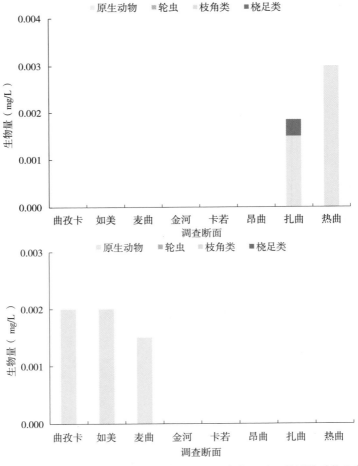

图 4-4 澜沧江西藏段 2019 年度春季（上）和秋季（下）的浮游动物生物量

第四节　多　样　性

2018 年春季如美、麦曲和昂曲的香农-威纳多样性指数值分别为 0.95、0.64 和 0.87；夏季卡若、扎曲和热曲的多样性指数值分别为 1.30、0.64 和 0.77，其他断面未检测到浮游动物物种（表 4-1）。2019 年春季仅扎曲的多样性指数值为 0.012；秋季所有样点的多样性指数为 0（表 4-2）。

表 4-1　澜沧江西藏段 2018 年春季和夏季浮游动物多样性

季节	香农-威纳多样性指数							
	曲孜卡	如美	麦曲	金河	卡若	昂曲	扎曲	热曲
春季	0.00	0.95	0.64	0.00	0.00	0.87	0.00	0.00
夏季	0.00	0.00	0.00	0.00	1.30	0.00	0.64	0.77

表 4-2　澜沧江西藏段 2019 年春季和秋季浮游动物多样性

季节	香农-威纳多样性指数							
	曲孜卡	如美	麦曲	金河	卡若	昂曲	扎曲	热曲
春季	0.00	0.00	0.00	—	0.00	0.00	0.012	0.00
秋季	0.00	0.00	0.00	0.00	0.00	0.00	0.00	0.00

第五章

澜沧江西藏段底栖动物

2017—2019 年对澜沧江西藏段的底栖动物进行了调查，调查的断面设置同水环境调查（详见第二章）。底栖生物样本利用索伯网采集，每个断面采集 3 个样方，每个样方30 cm×30 cm，样品采集后进行仔细洗涤和分拣，装入 100 mL 塑料瓶中，采用 10％甲醛固定，带回实验室进行种类鉴定和计数。

第一节　种类组成

澜沧江上游水体相对贫瘠，加上落差大、水流急，底栖动物分布相对较少。目前仅唐文家等（2012）和王川等（2013）对澜沧江上游的底栖动物进行过调查。

唐文家等（2013）主要对澜沧江青海段的底栖动物种类组成进行了报道，在 2007—2011 年共采集到底栖动物 16 种（表 5-1）。

王川等（2013）于 2009—2011 年对澜沧江上游的大型底栖动物进行了调查，主要以水生昆虫为主，种类数占比 81.6％，包括 18 科（表 5-2）。

笔者在澜沧江西藏段共采集到底栖动物 7 科，隶属于 2 纲 5 目（表 5-3）。

表 5-1　澜沧江上游青海段（2007—2011 年）**底栖动物种类组成**

类群	中文名	拉丁名
环节动物门	带丝蚓属	*Lumbriculus* sp.
	颤蚓科	Tubificidae
	舌蛭科	Glossiphoniidae
水生昆虫	蜻蜓目一科	Amphipterygidae
	鞘翅目一科	Hydrophilidae
襀翅目	短尾石蝇科	Nemouridae
	石蝇科	Perlidae
蜉蝣目	扁蜉科	Ecdyuridae
毛翅目	纹石蛾科	Hydropsychidae
	石蛾科	Phryganeidae
	摇蚊属	*Chironomus* sp.
软体动物门	耳萝卜螺	*Radix auricularia*
	青海萝卜螺	*Radis cucumorica*
	截口土蜗	*Galbar truncatula*
	凸旋螺	*Gyraulus convexiussulus*
甲壳动物	钩虾属	*Gammanus* sp.

资料来源：唐文家等（2013）。

表 5-2　澜沧江上游（2009—2011 年）水生昆虫的科级分布

目	科	目	科
蜉蝣目 Ephemerida	扁蜉科 Ecdyuridae	毛翅目 Trichoptera	石蛾科 Phrygandidae
	四节蜉科 Baetidae		网栖石蛾科 Hydropsychidae
	小蜉科 Ephemerellidae		原石蛾科 Rhyacophilid
	短丝蜉科 Siphlonuridae		沼石蛾科 Limnephilidae
	二尾蜉科 Siphlonuridae		毛石蚕科 Sericostomatidae
双翅目 Diptera	摇蚊科 Chironomidae	襀翅目 Plecoptera	石蝇科 Perlidae
	蚊科 Culicidae		大石蝇科 Pteronarcidae
	大蚊科 Tipulidae		短尾石蝇科 Nemouridae
	蚋科 Simuliidae	蜻蜓目 Odonata	大蜓科 Cordulegasteridae

资料来源：王川 等（2013）。

表 5-3　澜沧江西藏段（2017—2019 年）底栖动物种类组成

纲	目	科	属	断面				
				如美	卡若	扎曲	麦曲	热曲
昆虫纲 Insecta	蜉蝣目 Ephemerida	扁浮科 Ecdyuridae		+			+	+
		小浮科 Ephemerellidae						+
		四节浮科 Baetidae			+		+	+
	双翅目 Diptera	摇蚊科 Chironomidae		+				
	毛翅目 Trichoptera	水蝇科 Ephydridae		+				
	襀翅目 Plecoptera	大石蝇科 Pteronarcidae				+		+
寡毛纲 Oligochaeta	近孔寡毛目 Plesiopora	颤蚓科 Tubificidae	水蚯蚓属 Limnodrilus	+			+	

注："+"表示采集到标本。

第二节　丰度及生物量

王川等（2013）报道了澜沧江上游段大型底栖动物的平均丰度为 424.7 个/m^2，平均生物量为 13 928.5 mg/m^2。

笔者的调查显示，如美断面的底栖动物丰度相对较高，达 254 个/m²，其后依次是热曲 15 个/m²、麦曲 5 个/m²、卡若 1 个/m² 和扎曲 1 个/m²。从种类上看，昆虫纲占 85.7%，是优势种类，其余种类属寡毛纲。

第六章
澜沧江西藏段鱼类

第一节　研究方法

分别采用文献资料调研和现场调查的方式对澜沧江西藏段及其邻近水域的鱼类资源进行调查。文献资料主要查阅《西藏鱼类及其资源》（西藏自治区水产局，1995）和《澜沧江水生生物物种资源调查与保护》（刘绍平 等，2016）等专著。现场调查的范围为澜沧江西藏段干流和主要支流。共设置 6 个样点，其中干流 4 个，支流 2 个（表 6-1）。共进行了 7 次野外调查，时间分别为 2017 年 4 月、2017 年 9 月、2018 年 4 月、2018 年 7 月、2018 年 10 月、2019 年 4 月和 2019 年 9 月。

表 6-1　澜沧江西藏段鱼类种类组成调查断面设置

样点序号	样点类型	样点名称	经纬度
1	干流	曲孜卡	N 29.112 059°，E 98.618 043°
2	干流	如美	N 29.642 597°，E 98.350 300°
3	干流	卡若	N 30.881 796°，E 97.350 497°
4	干流	扎曲	N 31.346 107°，E 97.208 998°
5	支流	金河	N 30.776 823°，E 97.332 705°
6	支流	热曲	N 31.500 605°，E 97.286 550°

按照《内陆水域渔业自然资源调查手册》开展渔业资源调查。具体采取雇用渔民捕捞、野外现场收购、走访调查等方式，在澜沧江西藏段干流沿江采集鱼类，其中在设置的站位上下游 5 km 范围内开展重点采集。自行捕捞主要采用三层丝网，网长 10 m，高 1.5 m，内网网目 2.5 cm，外网网目 7 cm。对于采集到的鱼类样本，参考《西藏鱼类及其资源》进行现场种类鉴定、拍照，然后测量全长、体长和体重。对于现场无法鉴定的种类，先进行编号、测量，然后用福尔马林溶液固定，带回实验室做进一步鉴定。

以单位捕捞努力渔获量（CPUE）作为渔业资源量的评价参数。具体以每张网每小时渔获的质量表示。

为评估澜沧江西藏段鱼类的多样性状况，分别计算以下多样性指数：

① 物种丰富度指数：即调查到的鱼类物种数。

② 香农-威纳多样性指数：以香农-威纳多样性指数（H'）来评估调查水域鱼类群落的多样性。

③ 特有物种比例计算公式：

$$P_E＝（S_E/S）×100\%$$

式中，P_E 为特有种的比例；S_E 为调查区域内的特有种的种数（个）；S 为调查区域内的物种总种数（个）。

第二节　种类组成

一、种类组成

在 2017—2019 年的澜沧江西藏段鱼类资源调查中，共采集到鱼类 13 种，分属于 5 科（亚科）9 属（表 6-2 和附表 3）。裂腹鱼亚科鱼类 3 属 6 种，在属、种分类阶元所占比例分别为 33.33％ 和 46.15％；鮡科鱼类 3 属 3 种，在属、种分类阶元所占比例分别为 33.33％ 和 23.08％；条鳅亚科鱼类 1 属 2 种，在属、种分类阶元所占比例分别为 11.11％ 和 15.38％；鲤亚科鱼类 1 属 1 种，在属、种分类阶元所占比例分别为 11.11％ 和 7.69％；鲇科鱼类 1 属 1 种，在属、种分类阶元所占比例分别为 11.11％ 和 7.69％。有历史记录的 9 种土著鱼类均采集到样本，新记录鱼类 4 种。

按照栖息环境和生态习性，可将澜沧江西藏段的鱼类分为三大类：

Ⅰ. 底栖缓流型鱼类：体型多侧扁或细长，包括裂腹鱼属、叶须鱼属、裸裂尻鱼属和高原鳅属的鱼类。

Ⅱ. 底栖急流型鱼类：体型多侧扁或头胸部扁平且有吸着器，包括鮡属、褶鮡属和纹胸鮡属的鱼类。

Ⅲ. 底栖静水型鱼类：一般栖息于静水水域，持续游泳能力较弱，包括鲫、鲇等。

表 6-2　澜沧江西藏段 2017—2019 年鱼类种类组成名录

科	属	种名
裂腹鱼亚科	裂腹鱼属	1. 澜沧裂腹鱼＋▲*Schizothorax lantsangensis*
		2. 光唇裂腹鱼＋▲*Schizothorax lissolabiatus*
		3. 异齿裂腹鱼＋★*Schizothorax oconnori*
		4. 拉萨裂腹鱼＋★*Schizothorax waltoni*
	叶须鱼属	5. 裸腹叶须鱼＋▲*Ptychobarbus kaznakovi*
	裸裂尻鱼属	6. 前腹裸裂尻鱼＋▲*Schizopygopsis anteroventris*
鮡科	鮡属	7. 细尾鮡＋▲*Pareuchiloglanis gracilicaudata*
	褶鮡属	8. 无斑褶鮡＋▲*Pseudecheneis immaculatus*
	纹胸鮡属	9. 德钦纹胸鮡＋▲*Glyptothorax deqinensis*
条鳅亚科	高原鳅属	10. 细尾高原鳅＋▲*Triplophysa stenura*
		11. 短尾高原鳅＋▲*Triplophysa brevicauda*
鲤亚科	鲫属	12. 鲫＋★*Carassius auratus*
鲇科	鲇属	13. 鲇＋★*Silurus asotus*

注：＋表示现场采集到的鱼类，★为外来鱼类，▲为历史记录鱼类。

二、特有种及珍稀种类

根据调查，澜沧江特有鱼类共有 5 种，分别为澜沧裂腹鱼（*Schizothorax lantsangensis*）、前腹裸裂尻鱼（*Schizopygopsis anteroventris*）、细尾鮡（*Pareuchiloglanis gracilicaudata*）、无斑褶鮡（*Pseudecheneis immaculatus*）、德钦纹胸鮡（*Glyptothorax deqinensis*）。列入《中国物种红色名录》的鱼类有 4 种，其中，濒危物种有澜沧裂腹鱼和细尾鮡，易危物种有光唇裂腹鱼（*Schizothorax lissolabiatus*）和裸腹叶须鱼（*Ptychobarbus kaznakovi*）。

三、外来鱼类

调查采集到的外来鱼类共 4 种，包括鲫、鲇、异齿裂腹鱼和拉萨裂腹鱼，其中，鲫、鲇是入侵能力极强的种类。异齿裂腹鱼和拉萨裂腹鱼历史上仅分布于雅鲁藏布江中游，其栖息地环境与澜沧江西藏段有一定的相似之处，因此也具有较高的入侵能力。

第三节　时空分布

根据调查结果（表 6-3），澜沧裂腹鱼和光唇裂腹鱼分布最为广泛，在所有调查断面均有出现；高原鳅类主要出现在支流；德钦纹胸鮡、无斑褶鮡主要分布在海拔较低的江段；外来鱼类全部采集自卡若断面。干流有 12 种鱼类分布，其中，曲孜卡断面 4 种，如美断面 4 种，卡若断面 10 种，扎曲 5 种。支流有 6 种鱼类分布，其中，热曲断面和金河断面均有 6 种。

表 6-3　澜沧江西藏段鱼类的空间分布

种名	曲孜卡	如美	卡若	扎曲	热曲	金河
澜沧裂腹鱼	+	+	+	+	+	+
光唇裂腹鱼	+	+	+	+	+	+
异齿裂腹鱼			+			
拉萨裂腹鱼			+			
裸腹叶须鱼			+	+	+	+
前腹裸裂尻鱼			+	+	+	+
细尾鮡		+	+	+		
无斑褶鮡	+	+				
德钦纹胸鮡	+					

（续）

种名	曲孜卡	如美	卡若	扎曲	热曲	金河
细尾高原鳅			＋		＋	＋
短尾高原鳅					＋	＋
鲫			＋			
鲇			＋			

从时间上看，澜沧江上游鱼类种类组成具有一定的年际差异（表 6-4）。其中，2017年采集到鱼类 11 种，2018 年采集到鱼类 10 种，2019 年采集到鱼类 6 种。

表 6-4　澜沧江西藏段 2017—2019 年鱼类种类组成情况

种名	2017 年	2018 年	2019 年
澜沧裂腹鱼	＋	＋	＋
光唇裂腹鱼	＋	＋	＋
异齿裂腹鱼			＋
拉萨裂腹鱼			＋
裸腹叶须鱼	＋	＋	＋
前腹裸裂尻鱼	＋	＋	＋
细尾鮡	＋	＋	
无斑褶鮡	＋	＋	
德钦纹胸鮡	＋	＋	
细尾高原鳅	＋	＋	
短尾高原鳅	＋	＋	
鲫	＋	＋	
鲇	＋		

第四节　资　源　量

一、渔获物组成

（一）总渔获物组成

2017—2019 年共采集到鱼类 670 尾，重 78.8 kg，其中占比较大的种类有光唇裂腹鱼、澜沧裂腹鱼、裸腹叶须鱼和前腹裸裂尻鱼（表 6-5）。

表 6-5　澜沧江西藏段 2017—2019 年渔获物组成情况

种名	尾数	质量（g）	质量占比（%）
光唇裂腹鱼	210	31 090.05	39.46
澜沧裂腹鱼	153	20 429.11	25.93
裸腹叶须鱼	126	17 909.33	22.73
前腹裸裂尻鱼	91	7 028.20	8.92
鲫	2	551.94	0.70
异齿裂腹鱼	1	418.40	0.53
拉萨裂腹鱼	1	417.80	0.53
细尾鮡	10	394.59	0.50
细尾高原鳅	52	214.13	0.27
德钦纹胸鮡	7	132.59	0.17
鲇	1	92.25	0.12
无斑褶鮡	8	86.29	0.11
短尾高原鳅	8	24.16	0.03
合计	**670**	**78 788.84**	**100.00**

（二）渔获物空间分布

从空间上看，干流的卡若、如美断面，以及支流热曲的渔获物比例较高，而干流曲孜卡、扎曲断面和支流金河断面的渔获物占比较低（表 6-6）。曲孜卡、如美、卡若和扎曲断面的主要渔获种类为澜沧裂腹鱼和光唇裂腹鱼，金河断面的主要渔获种类是裸腹叶须鱼、澜沧裂腹鱼和光唇裂腹鱼，热曲断面的主要渔获种类为裸腹叶须鱼（表 6-6）。

表 6-6　澜沧江西藏段不同断面的渔获物情况

断面名称	种名	数量	质量（g）	质量占比（%）
曲孜卡	澜沧裂腹鱼	16	2 045.35	
	光唇裂腹鱼	17	1 821.99	
	德钦纹胸鮡	7	132.59	5.14
	无斑褶鮡	5	47.13	
	合计	**45**	**4 047.06**	
如美	光唇裂腹鱼	125	13 730.87	
	澜沧裂腹鱼	39	3 972.05	
	细尾鮡	1	54.81	22.59
	无斑褶鮡	3	39.16	
	合计	**168**	**17 796.89**	

（续）

断面名称	种名	数量	质量（g）	质量占比（%）
金河	裸腹叶须鱼	27	859.36	3.14
	澜沧裂腹鱼	7	565.43	
	光唇裂腹鱼	4	502.39	
	前腹裸裂尻鱼	26	398.85	
	细尾高原鳅	46	145.14	
	短尾高原鳅	1	3.27	
	合计	**111**	**2 474.44**	
卡若	澜沧裂腹鱼	81	12 737.86	36.22
	光唇裂腹鱼	52	11 333.37	
	前腹裸裂尻鱼	7	1 726.76	
	裸腹叶须鱼	4	1 057.29	
	鲫	2	551.94	
	异齿裂腹鱼	1	418.40	
	拉萨裂腹鱼	1	417.80	
	细尾鮡	4	139.05	
	鲇	1	92.25	
	细尾高原鳅	5	62.87	
	合计	**158**	**28 537.59**	
扎曲	光唇裂腹鱼	8	2 081.68	4.20
	澜沧裂腹鱼	6	626.30	
	裸腹叶须鱼	2	209.96	
	细尾鮡	5	200.73	
	前腹裸裂尻鱼	1	190.86	
	合计	**22**	**3 309.53**	
热曲	裸腹叶须鱼	93	15 782.72	28.71
	前腹裸裂尻鱼	57	4 711.73	
	光唇裂腹鱼	4	1 619.75	
	澜沧裂腹鱼	4	482.63	
	短尾高原鳅	7	20.89	
	细尾高原鳅	1	6.12	
	合计	**166**	**22 623.84**	
总计		**670**	**78 788.84**	**100.00**

（三）渔获物年度变化

从时间上看，各年度的渔获物种类和质量有一定的差异。2017 年渔获物共计 220 尾，总重 15 933.19 g，其中澜沧裂腹鱼、光唇裂腹鱼和裸腹叶须鱼是优势种类，分别占总渔获质量的 46.52％、28.82％和 15.39％（表 6-7）。2018 年渔获物共计 281 尾，总质量 39 357.61 g，其中光唇裂腹鱼、裸腹叶须鱼和澜沧裂腹鱼为优势种类，质量占比分别达 42.77％、29.98％和 19.90％（表 6-8）。2019 年全年渔获物共计 169 尾，总质量 23 494.23 g，其中，光唇裂腹鱼和澜沧裂腹鱼为优势种类，质量占比分别达 41.13％和 22.02％（表 6-9）。

表 6-7　澜沧江西藏段 2017 年渔获物统计

种名	数量（尾）	质量（g）	质量占比（%）
澜沧裂腹鱼	62	7 412.51	46.52
光唇裂腹鱼	54	4 592.45	28.82
裸腹叶须鱼	22	2 452.24	15.39
前腹裸裂尻鱼	23	750.26	4.70
鲫	1	263.09	1.65
细尾高原鳅	40	185.41	1.16
德钦纹胸鮡	6	123.63	0.78
鮎	1	92.25	0.58
细尾鮡	3	31.27	0.20
短尾高原鳅	7	20.89	0.13
无斑褶鮡	1	9.19	0.05
合计	220	15 933.19	100

表 6-8　澜沧江西藏段 2018 年渔获物统计

种名	数量（尾）	质量（g）	质量占比（%）
光唇裂腹鱼	106	16 834.66	42.77
裸腹叶须鱼	58	11 800.82	29.98
澜沧裂腹鱼	66	7 830.98	19.90
前腹裸裂尻鱼	21	2 111.74	5.37
细尾鮡	8	372.51	0.95
鲫	1	288.85	0.73
无斑褶鮡	7	77.10	0.20
细尾高原鳅	12	28.72	0.07
德钦纹胸鮡	1	8.96	0.02
短尾高原鳅	1	3.27	0.01
合计	281	39 357.61	100

表 6-9　澜沧江西藏段 2019 年渔获物统计

种名	数量（尾）	质量（g）	质量占比（%）
光唇裂腹鱼	50	9 662.94	41.13
澜沧裂腹鱼	24	5 172.62	22.02
前腹裸裂尻鱼	47	4 166.20	17.73
裸腹叶须鱼	46	3 656.27	15.56
异齿裂腹鱼	1	418.40	1.78

（续）

种名	数量（尾）	质量（g）	质量占比（%）
拉萨裂腹鱼	1	417.80	1.78
合计	169	23 494.23	100

二、单位捕捞努力渔获量

澜沧江西藏段的平均 CPUE 为 28.4 g/（网·h）。从时间上看，2017 年 4 月至 2019 年 9 月，CPUE 呈先下降后上升的趋势。其中，2019 年 4 月的平均 CPUE 最高，为 47.1 g/(网·h)；2018 年 7 月的平均 CPUE 最低，为 13.7 g/(网·h)（图 6-1）。从空间上看，金河的平均 CPUE 最高，为 68.9 g/(网·h)；扎曲的平均 CPUE 最低，为 12.0 g/(网·h)（图 6-2）。

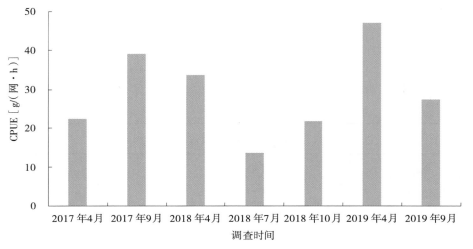

图 6-1　澜沧江西藏段鱼类资源（CPUE）的变动趋势

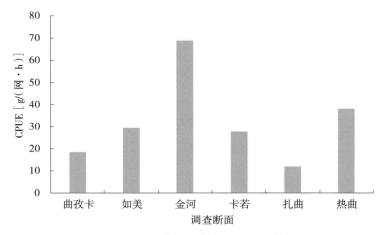

图 6-2　澜沧江西藏段鱼类资源的空间分布特征

第五节 多样性

澜沧江西藏段现有鱼类 13 种，其中特有种 5 种，包括澜沧裂腹鱼、前腹裸裂尻鱼、细尾鮡、无斑褶鮡、德钦纹胸鮡，占所有土著鱼类种类数的 55.6%。

澜沧江西藏段鱼类群落的香农-威纳多样性指数为 1.747。从空间上看，扎曲断面的多样性指数最高，如美断面的多样性指数最低（表 6-10）。

表 6-10 澜沧江西藏段鱼类群落的香农-威纳多样性指数

断面	香农-威纳多样性指数
卡若	1.293
热曲	1.035
如美	0.661
曲孜卡	1.269
扎曲	1.417
金河	1.385
综合	**1.747**

第六节 主要土著鱼类生物学特征

一、光唇裂腹鱼

（一）分类地位

光唇裂腹鱼（*Schizothorax lissolabiatus*），别名光唇弓鱼、细鳞鱼，属鲤科裂腹鱼亚科裂腹鱼属。

（二）分布范围

澜沧江青海段（唐文家 等，2012），以及澜沧江中上游、元江、南盘江上游（褚新洛 等，1989）和怒江（陈小勇，2013）等流域。

（三）形态特征

背鳍条Ⅲ，8（少数 7）；臀鳍条Ⅲ，5；胸鳍条Ⅰ，16～19；腹鳍条Ⅰ，8～9；尾鳍分枝鳍条，19～22。第一鳃弓外鳃耙 12～29，内鳃耙 22～34（西藏自治区水产局，1995）。

体延长，侧扁；吻钝圆；口下位，横裂（大个体）或略呈浅弧形（小个体）；下颌前缘有锐利的角质，下唇不完整，分为左右两叶，唇后沟中断，表面光滑无乳突，唇叶仅在两侧口角处存在；须 2 对，约等长，其长度稍大于眼径，前须超过鼻孔达眼前缘下方，后须后伸近眼后缘下方；下咽齿 3 行，大部分齿式为 2.3.5/5.3.2，少部分为 2.3.4/4.3.2（西藏自治区水产局，1995）。

背鳍最后不分枝鳍条较硬，且后缘锯齿明显，背鳍起点至吻端与至尾鳍基的距离大致相等，胸鳍后伸过胸鳍基至腹鳍基间距的 1/2；腹鳍起点约在体中点，腹鳍起点一般与背鳍刺或第一分枝鳍条相对；臀鳍后伸不达尾鳍基；尾鳍叉形（西藏自治区水产局，1995）。

胸、腹部裸露无鳞，或仅在腹鳍基部附近有少数埋于皮下的细鳞，其他部分被细鳞；侧线完全，平直；下咽骨狭窄，呈弧形，下咽齿细圆，顶端尖，稍弯曲；鳔 2 室，后室长度为前室的 2.3～2.85 倍；肠长为体长的 1.5～2.7 倍；腹膜黑色（西藏自治区水产局，1995）。

（四）个体大小与性比

2017—2019 年在澜沧江上游采集到样本 210 尾，优势全长组为 16～30 cm（图 6-3），优势体重组为 0～150 g（图 6-4）。性比（雄/雌）为 1.12（$n=159$）。全长（L，下同）与体重（W，下同）的关系式为 $W=0.006\,5L^{3.073\,6}$（$R^2=0.984\,8$）（图 6-5）。

（五）食性

杂食性，主要摄食硅藻门藻类和少量节肢动物（表 6-11）。

（六）生态习性

喜栖息于河流洄水处，繁殖期为 6—8 月。

（七）资源概况

光唇裂腹鱼是澜沧江上游主要的经济鱼类。2017—2019 年在澜沧江西藏段调查到 210 尾，重 31.1 kg，渔获物质量占比 39.46%。但小型化较为严重，目前已被《中国物种红色名录》列为易危物种。

（八）驯养繁殖状况

云南省渔业科学研究院开展了光唇裂腹鱼人工驯养繁育研究，并取得较好效果。采用水泥池驯养平均体长 17.37 cm、平均体重 101.18 g 的光唇裂腹鱼 16～21 个月后，平均体长达 26.69 cm，增长 53.66%，平均体重达 304.77 g，增重 201.22%（刘跃天，2012）。2013 年 4 月首次突破光唇裂腹鱼人工繁殖技术，共催产 9 组池塘驯养成熟的光唇裂腹鱼亲鱼，其中 7 组产卵，催产率 77.8%，产卵 50 000 粒，孵化率 77.5%（刘跃天，2013）。目前，光唇裂腹鱼人工驯养与繁殖技术已较为成熟。

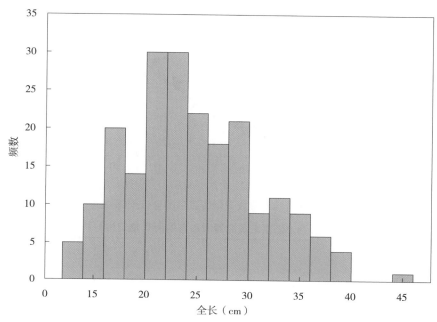

图 6-3　澜沧江西藏段光唇裂腹鱼的全长频数分布

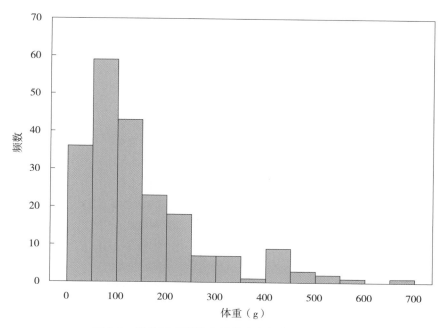

图 6-4　澜沧江西藏段光唇裂腹鱼的体重频数分布

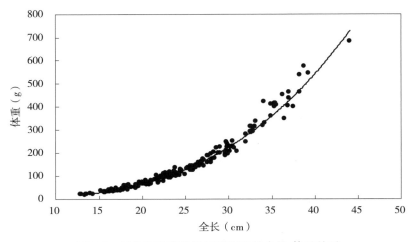

图 6-5　澜沧江西藏段光唇裂腹鱼的全长-体重关系

表 6-11　澜沧江西藏段光唇裂腹鱼的肠含物定性分析

门类	种类
硅藻门	颗粒沟链藻最窄变种
	模糊沟链藻
	小环藻
	等片藻
	美丽星杆藻
	克洛脆杆藻
	尖针杆藻
	肘状针杆藻
	舟形藻
	隐头舟形藻
	瞳孔舟形藻
	尖头舟形藻
	放射舟形藻
	英吉利舟形藻
	异极藻
	窄异极藻
	中间异极藻
	橄榄绿异极藻
	曲壳藻
	纤细桥弯藻
	箱形桥弯藻
	近缘桥弯藻

（续）

门类	种类
硅藻门	微小桥弯藻
	谷皮菱形藻
	中间菱形藻
	卵形双菱藻
节肢动物门	蜉蝣
	摇蚊科
线形动物门	线虫

二、澜沧裂腹鱼

（一）分类地位

澜沧裂腹鱼（*Schizothorax lantsangensis*），别名面鱼，属鲤科裂腹鱼亚科裂腹鱼属。

（二）分布范围

澜沧江青海段（唐文家 等，2012），澜沧江中上游（褚新洛 等，1989）。

（三）形态特征

背鳍条Ⅲ，8；臀鳍条Ⅱ，5；胸鳍条Ⅰ，17～19；腹鳍条Ⅰ，9～10；第一鳃弓外鳃耙15（13～17），内鳃耙19（17～24）；脊椎骨48～49（西藏自治区水产局，1995）。

体延长，稍侧扁，头锥形；口下位，弧形或马蹄形，下颌前缘无锐利角质；下唇分左、右两叶，较发达，具有细小的中间叶，唇后沟连续。须2对，发达，等长或后须稍长，其长度大个体为眼径的2.0～3.0倍，小个体约为眼径的1.5倍，前须末端达到眼球中部或超过眼球后缘的下方，后须末端达到或超过前鳃盖骨。胸、腹部裸露无鳞，或在胸鳍末端以后的腹部具有隐于皮下的鳞片（西藏自治区水产局，1995）。

背鳍刺硬，其后缘有明显锯齿，腹鳍起点约与背鳍刺相对；下咽骨呈弧形，下咽齿3行，2.3.5/5.3.2或2.3.4/4.3.2；下咽齿细圆，顶端尖而弯曲，咀嚼面为匙状；鳔2室，后室的长度为前室的2.0～3.0倍；肠管长度为体长的1.48～1.80倍；腹膜黑色（西藏自治区水产局，1995）。

（四）个体大小与性比

调查期间共采集到样本153尾，优势全长组为14～30 cm（图6-6），优势体重组为0～200 g（图6-7）；性比（雄/雌）为0.92（$n=98$）。全长与体重的关系式为 $W=0.008\,7L^{2.989\,1}$（$R^2=0.984\,8$）（图6-8）。

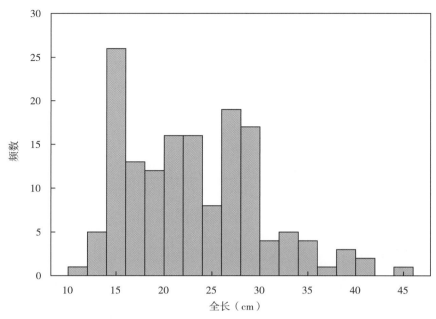

图 6-6　澜沧江西藏段澜沧裂腹鱼的全长频数分布

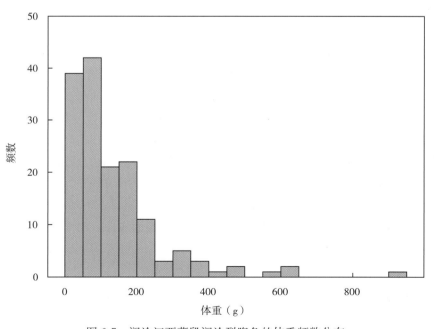

图 6-7　澜沧江西藏段澜沧裂腹鱼的体重频数分布

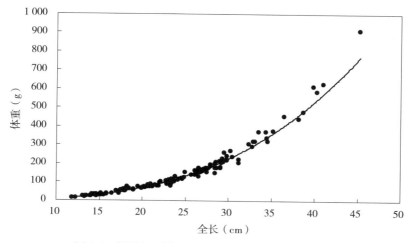

图 6-8　澜沧江西藏段澜沧裂腹鱼的全长-体重关系

（五）食性

杂食性，主要摄食硅藻门藻类和少量节肢动物（表 6-12）。

表 6-12　澜沧江西藏段澜沧裂腹鱼的肠含物定性分析

门类	种类
硅藻门	颗粒沟链藻
	颗粒沟链藻最窄变种
	小环藻
	等片藻
	长等片藻
	克洛脆杆藻
	尖针杆藻
	肘状针杆藻
	隐头舟形藻
	瞳孔舟形藻
	尖头舟形藻
	放射舟形藻
	异极藻
	窄异极藻
	中间异极藻
	橄榄绿异极藻
	曲壳藻
	纤细桥弯藻

（续）

门类	种类
硅藻门	箱形桥弯藻
	新月形桥弯藻
	近缘桥弯藻
	微小桥弯藻
	草鞋形波缘藻
	谷皮菱形藻
	中间菱形藻
节肢动物门	扁蜉
	小蜉
	石蝇
	纹石蛾
	摇蚊科
线形动物门	线虫

（六）生态习性

澜沧裂腹鱼为底层鱼类。繁殖期为 4—8 月。

（七）资源现状

澜沧裂腹鱼是澜沧江上游的主要经济鱼类，西藏段资源较为丰富，云南段资源量较小。2017—2019 年在澜沧江西藏段共调查到 153 尾，总质量 20.4 kg，渔获物质量占比 25.93%。目前被《中国物种红色名录》列为濒危物种，同时也被列入《青海省重点保护水生野生动物名录》（第一批）。

（八）驯养繁殖状况

云南省渔业科学研究院开展了澜沧裂腹鱼人工驯养繁育研究，并取得了较好效果。采用水泥池驯养平均体长 22.95 cm、平均体重 114.15 g 的澜沧裂腹鱼 21～23 个月后，平均体长达 32.5 cm，增长 41.61%，平均体重达 321.27 g，增重 181.45%，说明人工驯养澜沧裂腹鱼较易，但生长较缓慢（申安华，2015）。2017 年 3 月 20 日，澜沧裂腹鱼首次人工繁殖成功，第一批受精卵 15 000 粒，出苗 14 000 尾，受精率 95.0%，孵化率 96.8%（马骞，2017）。

三、裸腹叶须鱼

（一）分类地位

裸腹叶须鱼（*Ptychobarbus kaznakovi*），别名裸腹重唇鱼，属鲤科裂腹鱼亚科叶须鱼属。

（二）分布范围

怒江上游，澜沧江青海段（唐文家 等，2012）及上游，金沙江上游等水域。

（三）形态特征

背鳍条Ⅲ，7～8；臀鳍条Ⅲ，5；胸鳍条Ⅰ，16～20；腹鳍条Ⅰ，8～10；第一鳃弓外鳃耙14～18，内鳃耙18～31；侧线鳞91$\frac{25 \sim 33}{15 \sim 30}$118（西藏自治区水产局，1995）。

体修长，呈梯形，体前部较粗壮，尾部渐细，头锥形；口下位，深弧形，下颌前缘无锐利角质；唇发达，下唇左、右两叶在前端连接，唇后沟连续，无中间叶，下唇表面多皱纹；须1对，较长，末端达前鳃盖骨前缘；体表大部被细鳞，仅胸、腹部裸露无鳞（西藏自治区水产局，1995）。

背鳍起点至吻部的距离小于到尾鳍基部的距离，背鳍最后不分枝鳍条软，后缘无锯齿；腹鳍基部起点与背鳍第4～6根分枝鳍条相对；下咽骨细狭，下咽齿2行，3.4/4.3，个别为3行，1.3.4/4.3.1，咽齿细圆，顶端尖而弯曲，咀嚼面凹陷；腹膜黑色（西藏自治区水产局，1995）。

（四）个体大小与性比

调查期间共采集到裸腹叶须鱼样本126尾，对其中32尾进行了解剖测量。优势全长组为15～25 cm（图6-9），优势体重组为0～100 g（图6-10）。全长与体重的关系式为$W = 0.004\ 3L^{3.175\ 5}$（$R^2 = 0.983\ 8$）（图6-11）。性比（雄/雌）为1.45（$n = 76$）。

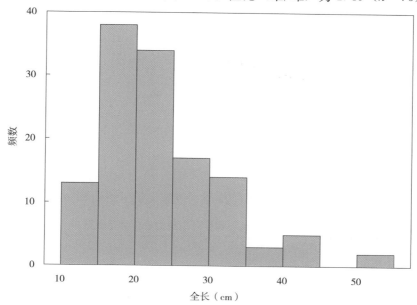

图6-9　澜沧江西藏段裸腹叶须鱼的全长频数分布

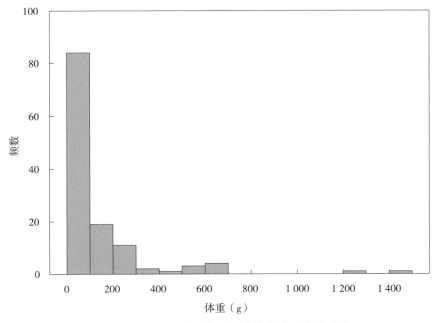

图 6-10　澜沧江西藏段裸腹叶须鱼的体重频数分布

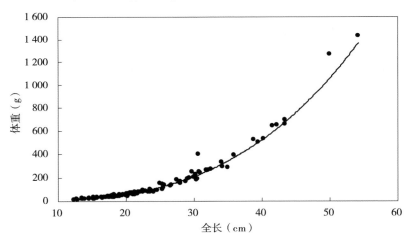

图 6-11　澜沧江西藏段澜沧裂腹鱼的全长-体重关系

（五）食性

裸腹叶须鱼食性杂，主要摄食硅藻门藻类、节肢动物、线虫和鱼苗（表 6-13）。

表 6-13　澜沧江西藏段裸腹叶须鱼的肠含物定性分析

门类	种类
硅藻门	颗粒沟链藻
	颗粒沟链藻最窄变种

（续）

门类	种类
硅藻门	模糊沟链藻
	小环藻
	等片藻
	长等片藻
	克洛脆杆藻
	尖针杆藻
	肘状针杆藻
	隐头舟形藻
	放射舟形藻
	异极藻
	窄异极藻
	中间异极藻
	曲壳藻
	纤细桥弯藻
	箱形桥弯藻
	近缘桥弯藻
	微小桥弯藻
	谷皮菱形藻
	中间菱形藻
	卵形双菱藻
隐藻门	尖尾蓝隐藻
节肢动物门	扁蜉
	小蜉
	石蝇
	纹石蛾
	沼石蛾
	短石蛾
	摇蚊科
	双翅目蛹
线形动物门	线虫
脊索动物门	鱼苗

（六）生态习性

裸腹叶须鱼一般栖息于江河干流洄水或缓流砂石底处。4—5月为繁殖盛期。

（七）资源现状

裸腹叶须鱼是产地的主要经济鱼类。2017—2019年在澜沧江西藏段共调查到126尾，总质量17.9 kg，渔获物质量占比为22.73％。近年来分布范围有所减小，小型化趋势明显，目前已被《中国濒危动物红皮书——鱼类》和《中国物种红色名录》列为易危物种。

（八）驯养繁殖状况

无相关报道。

四、前腹裸裂尻鱼

（一）分类地位

前腹裸裂尻鱼（*Schizopygopsis anteroventris*），别名土鱼，属鲤科裂腹鱼亚科裸裂尻鱼属。

（二）分布范围

澜沧江青海段（唐文家 等，2012），澜沧江西藏段如美以上的干支流。

（三）形态特征

背鳍条Ⅲ，7～8；臀鳍条Ⅲ，5；胸鳍条Ⅰ，17～19；腹鳍条Ⅰ，8～9；第一鳃弓外鳃耙11～14，内鳃耙19～24（西藏自治区水产局，1995）。

体延长，稍侧扁，吻部钝圆。口下位，口裂横直或呈弧形，下颌前缘具锐利角质。无须。下唇分左、右两侧叶，唇后沟中断；背鳍起点位于体中点或在中点之前，背鳍最后不分枝鳍条除顶部细软外，下部粗壮坚硬，其后缘有锯齿。腹鳍基部起点与背鳍第1～2根分枝鳍条相对。下咽骨弧形，下咽齿2行，3.4/4.3。咽齿柱状，顶部钩曲。体表除臀鳞和肩带部分有少数不规则鳞片外，几乎裸露无鳞。尾鳍分叉；腹膜黑色（西藏自治区水产局，1995）。

（四）个体大小与性比

共采集到前腹裸裂尻鱼样本91尾，优势全长组为15～25 cm（图6-12），优势体重组为0～100 g（图6-13）。性比（雄/雌）为0.33（$n=64$）。全长与体重的关系式为 $W = 0.006\,6L^{3.048\,6}$（$R^2=0.995\,4$）（图6-14）。

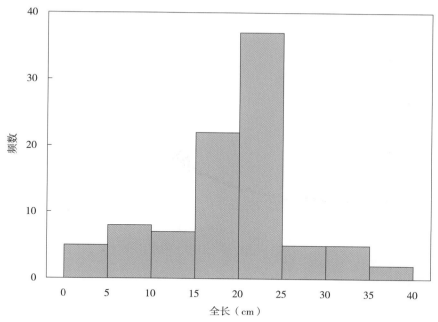

图 6-12　澜沧江西藏段前腹裸裂尻鱼的全长频数分布

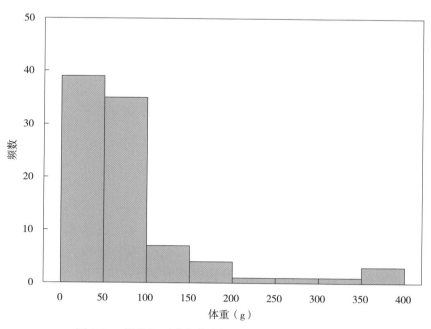

图 6-13　澜沧江西藏段前腹裸裂尻鱼的体重频数分布

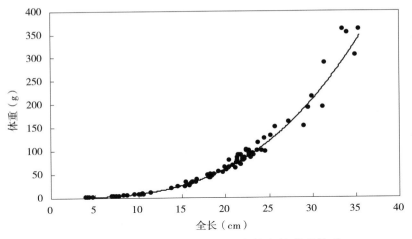

图 6-14　澜沧江西藏段澜沧裂腹鱼的全长-体重关系

（五）食性

前腹裸裂尻鱼主要摄食着生藻类，食物中还见有鞘翅目和双翅目昆虫残体。

（六）生态习性

前腹裸裂尻鱼一般栖息于宽谷河流水流较缓处，5 月以后产卵。

（七）资源概况

前腹裸裂尻鱼是产区的常见鱼类。2017—2019 年在澜沧江西藏段共调查到 91 尾，总质量 7 kg，渔获物质量占比为 8.92%。

（八）驯养繁殖状况

无相关报道。

五、鮡类

澜沧江西藏段分布的鮡类主要有细尾鮡、德钦纹胸鮡和无斑褶鮡，为一群底栖性中小型鱼类。鮡类常生活在江河或山涧多砾石的急流河滩处，在形态和生态上都形成一系列特殊的适应性。身体前段扁平或稍扁平，后段侧扁，头宽扁。口下位，横裂或呈弧形。上、下颌具有绒毛状的细齿。胸部一般有吸着器。眼小，侧上位或上位。须 4 对。全身裸露无鳞。

由于鮡类取样困难，在一般的渔获物调查中占比不高，因此相关的生物学研究报道不多。鮡类一般生长缓慢，主要摄食着生藻类和底栖动物。繁殖季节一般为 6—7 月，繁殖水温为 15～18 ℃，为一次产卵类型（黄寄甍 等，2003）。雄鱼选择体内的受精方式，卵在体内受精后，雌鱼通常选择在溪边湾沱中的岩石缝或岩腔中生育，整体产出包括所有卵粒的椭圆形卵块，卵粒之间紧密地粘连在一起，但卵块无黏性，吸水后，卵球晶莹剔透，有弹性，属沉性卵，卵块可随水漂流，遇静水则沉于水底（黄寄夔 等，2003）。

六、高原鳅类

澜沧江西藏段分布的高原鳅类主要有细尾高原鳅和短尾高原鳅，为一群小型鱼类，常栖息于水流湍急的河滩处。身体前段为圆筒形，后段为侧扁形。头较短，侧扁或扁平。口下位。须 3 对。繁殖季节主要在 5—8 月或 10 月，其不少种类是分批产卵类型。在繁殖季节，绝大多数种类的雄性第二性征比较发达，在头部两侧各有一个月牙形布满小刺突的隆起区，胸鳍背面具增厚肉垫。主要在流水滩上产卵，底质以小块砾石、卵石为主，受精卵遇水膨胀，产生较强黏性，随水流分散并黏附于底质上发育、孵化。

第七章
澜沧江西藏段鱼类栖息地

2017—2019 年调查组在澜沧江西藏段采取沿江连续观察的方式进行鱼类栖息地考察，掌握了一批重要鱼类栖息地的分布及特征。

第一节　产　卵　场

澜沧江西藏段的土著鱼类主要包括裂腹鱼类、高原鳅类和鮡类三大类，其中裂腹鱼类和高原鳅类的产卵场比较分散且要求相对较低，鮡类产卵对流水环境要求较高。比较典型的裂腹鱼类产卵场有两处，分别是尼西产卵场和央达产卵场。

一、尼西产卵场

尼西产卵场位于昌都市卡若区柴维乡，澜沧江左岸支流热曲之上（图 7-1）。现场采集到了流精的前腹裸裂尻鱼和光唇裂腹鱼，以及流精、流卵的裸腹叶须鱼（图 7-2）。现场生境为一浅石滩，春夏秋季的大部分时间水质浑浊。

图 7-1　尼西产卵场现场生境

图 7-2　尼西产卵场采集到的流卵裸腹叶须鱼样本

二、央达产卵场

央达产卵场位于昌都市卡若区日通乡央达村，为澜沧江干流扎曲河段（图7-3）。现场为缓流浅滩生境，底质为卵石和细沙，适合裂腹鱼类产卵。现场采集到了流精的光唇裂腹鱼，同时还多次采集到细尾鮡。

图7-3　央达产卵场现场生境

第二节　索饵场

澜沧江西藏段鱼类的索饵较为分散，几乎整个江段的岩石、卵石等有藻类附着的基质上都可见裂腹鱼类和鮡类刮食的痕迹。比较大型的索饵场有三处，包括如美、瓦约和金河三地。

一、如美索饵场

如美索饵场位于昌都市芒康县如美镇，为澜沧江干流河段（图7-4）。现场为一小段具有河漫滩的宽谷河段。河漫滩多为中大型卵石，卵石上有大量裂腹鱼类和鮡类刮食的痕迹。现场采集到的鱼类主要为光唇裂腹鱼、澜沧裂腹鱼和细尾。

二、瓦约索饵场

瓦约索饵场位于昌都市卡若区

图7-4　如美索饵场现场生境

卡若镇瓦约村，为澜沧江干流（图 7-5）。现场河段底质复杂，包括河床基岩、卵石、岩石、泥沙等。现场中大型石块上可见大量裂腹鱼类和鲱类刮食的痕迹（图 7-6）。现场采集到的鱼类主要有光唇裂腹鱼、澜沧裂腹鱼和前腹裸裂尻鱼。

图 7-5　瓦约索饵场现场生境

图 7-6　瓦约索饵场鱼类刮食痕迹

三、金河索饵场

金河索饵场位于昌都市察雅县吉塘镇，为澜沧江右岸支流金河之上（图 7-7）。现场主要为急流浅滩生境。现场采集到较多的细尾高原鳅，裂腹鱼类较为少见。

图 7-7　金河索饵场现场生境

第三节 越 冬 场

　　野外调查未发现大型越冬场所。一般而言，鱼类越冬场多位于河道深潭、大型洄水湾等处。而澜沧江西藏段大部分河段属峡谷激流，调查暂未发现大型的越冬场所。因此，推测澜沧江鱼类的越冬场比较分散，多分布在河道小型水潭、小型洄水湾处。

第八章
澜沧江西藏段鱼类资源保护策略

第一节 澜沧江西藏段鱼类资源的主要胁迫因子

澜沧江西藏段位于西藏东部，地理上仍属于青藏高原的范畴，气候环境严苛，生态系统脆弱，使得区域内的生物种群普遍抗干扰能力较弱。为适应高原极寒环境，区域内的鱼类普遍生长缓慢、性成熟晚、繁殖周期长，一旦受到过度干扰，种群很难自然恢复。21世纪之前，由于地方经济发展规模有限，交通条件差，人口流动较少，有限的人类活动尚不足以对澜沧江西藏段的鱼类造成破坏性影响，基本能够维持鱼类种群的自然稳定状态。进入21世纪以后，随着区域内社会经济迅猛发展，外来人口剧增，各种人类活动达到了空前的规模。由于澜沧江西藏段流域多为高山峡谷地貌，平原面积非常有限，因此区域内人类活动大部分集中在沿澜沧江干支流狭窄的河谷地带，也给澜沧江西藏段的鱼类带来了前所未有的威胁。

根据现场踏勘了解的情况来看，目前澜沧江西藏段对鱼类造成较大威胁的人类活动主要有以下几种：

（1）沿江路、桥、大坝等涉水工程建设 由于澜沧江河谷是当地人口的主要生活和生产区，因此，沿江公路、桥梁等涉水基础设施建设较为密集。昌都市区以上的干流扎曲建有果多水电站（图8-1）。大部分支流也规划了水电梯级开发，已建成的有昂曲昌都水电

扎曲果多水电站

金河水电站

麦曲水电站

图8-1 澜沧江西藏段已建成的部分水电站

站、金河水电站、麦曲水电站等（图 8-1）。同时，截至 2019 年，澜沧江昌都市区至曲孜卡段干流初步规划了 6 个梯级电站，从上游到下游分别是侧格、约龙、卡贡、班达、如美、古学。虽然这些大型水电工程还未正式开工建设，但是已经陆续在开展前期工作。涉水工程的建设将导致河道水文形势、地形等发生变化，直接改变鱼类及其饵料生物的生活环境。同时工程废水废料、施工噪声等都可能会给鱼类的生存带来不利影响。

（2）生活污染物倾泻和排放　随着区域内人口剧增，以及生活条件的改善，产生的各类生产生活垃圾、污水等污染物也逐年递增。部分江段存在垃圾直接倾泻入江，以及污水直排入江的现象。现场调查发现，沿江两岸消落区内的植被上普遍挂有塑料袋、布料等各类垃圾，河漫滩则经常可见塑料瓶、玻璃瓶等废弃物。部分生活垃圾如塑料袋可能会被鱼类误食，危害鱼类健康。而污水的排放则可能会造成鱼类体内重金属等有害元素含量超标，损害鱼类的生长发育机能。

（3）河道采砂　澜沧江上游水土流失较为严重，泥沙含量极高。这也造就了澜沧江西藏段丰富的砂石资源。随着近年来社会经济的发展，对砂石的需求越来越大，因此澜沧江采砂活动也较为常见（图 8-2）。河道采砂将会改变河床形态、底质结构和水体流态等物理环境，而这些物理环境仅在有限的变化幅度内才能满足鱼类生长繁殖的需求。如果河道采砂不加以规范限制，将直接造成鱼类栖息场所功能的减弱甚至丧失。

如美采砂场　　　　　　　　　　曲孜卡采砂场

图 8-2　澜沧江西藏段的采砂场

（4）外来鱼类入侵　外来鱼类入侵是威胁土著鱼类安全的重要因素之一。由于对水产品需求的激增，加上活鱼运输技术的发展，越来越多的外来鱼类得以进入西藏。但藏区群众有放生习俗，容易误将市场采购的外来鱼类放生到野外水体中，从而造成外来鱼类的入侵。高原土著鱼类大部分种群脆弱，在面对外来鱼类入侵时往往处于劣势。目前澜沧江西藏段已经发现了鲫、鲇、异齿裂腹鱼和拉萨裂腹鱼等多种外来鱼类。鲫的耐受力强，繁殖要求低，极易在当地建立种群。鲇是肉食性鱼类，而澜沧江西藏段没有肉食性鱼类的自然分布，鲇的出现很有可能会占据食物链顶端，直接对土著鱼类产生巨大的威胁。另外，需要特别注意另外两种外来鱼类，即异齿裂腹鱼和拉萨裂腹鱼。它们自然分布于雅鲁藏布江中游，与澜沧江西藏段的土著鱼类同属青藏高原鱼类，因此常被人认为是没有危害的土著鱼类。但实际上这两种鱼类与澜沧江的土著鱼类是存在地理隔离的，而且由于分类地位和生态习性接近，异齿裂腹鱼和拉萨裂腹鱼更可能与澜沧江西藏段的裂腹鱼类产生生态位竞争，同时也更有可能发生种间杂交，对澜沧江西藏段裂腹鱼类的遗传多样性造成干扰。

第二节　澜沧江西藏段鱼类优先保护等级评价

　　鱼类在水生生态系统中具有重要的功能和地位，同时也是人类重要的食物来源和经济来源。随着人类活动的不断加剧，许多水生生物的生存和繁衍都面临着威胁。与陆生生物不同，大部分时间生活在水中的水生生物往往不易被观察到。因此，当人类涉水活动越来越频繁时，其对水生生物所造成的威胁常常被忽视。等到水生生物生存危机被公众重视时，往往已接近最危险甚至无法挽回的地步。例如，近几年公众开始关注的长江江豚（*Neophocaena asiaeorientalis*）种群数量已经低于大熊猫（*Ailuropoda melanoleuca*），白鲟（*Psephurus gladius*）直到灭绝（Zhang et al.，2019）大部分公众才知道这一物种的存在。因此，有必要加强对受威胁鱼类的保护研究。

　　对受威胁生物的濒危状况及保护等级进行科学评估，是制订有效保护管理措施的前提和基础（蒋志刚 等，2012）。国内关于生物优先保护定量评价最初是以植物为对象，主要评价指数包括濒危系数、遗传损失系数和物种价值系数（许再富 等，1987；薛达元 等，1991；任毅 等，1999；傅志军 等，2001）。刘军（2004）最早将这些评价方法借鉴运用到鱼类的保护研究中来，实现了对长江上游16种特有鱼类按优先保护顺序进行定量分析。基于类似的方法，牛建功等（2012）定量研究了哈巴河土著鱼类的优先保护等级、宋一清等（2018）评价了黑水河鱼类的优先保护次序。彭涛等（2011）建立了基于物种濒危系统、遗传价值系统和物种价值系统的河口及邻近海域鱼类优先保护次序评价模型。这些评价研究为各地鱼类的保护提供了非常重要的依据和借鉴。但随着人类干扰活动的增加，仅考虑物种本身的珍稀性可能无法准确评估其急切保护的需求。而且不同研究所涉及的区域、对象、环境等存在差异，相应的鱼类优先保护评价指标体系及评估方法也需要调整。徐薇等（2013）在前人研究的基础上，首次构建了包括物种珍稀性、物种价值和人为干扰程度三个子系统组成的鱼类优先保护等级评价体系，并应用于长江上游河流开发受威胁鱼类的优先保护等级评估。李雷等（2019）借鉴该评价体系，评估了雅鲁藏布江中游裂腹鱼类的优先保护顺序，并取得了与实际较为吻合的评价结果。

　　由于地处高原生态脆弱区域，澜沧江西藏段的鱼类不仅区系结构简单，而且种群抗干扰能力差。在人类活动日益加剧的情况下，急需对这些鱼类进行保护。但目前未见有关澜沧江西藏段土著鱼类濒危状况和保护等级评价的研究报道。本研究基于澜沧江西藏段最新的渔业资源调查数据，采用珍稀性、物种价值和人为干扰三个评价指标，对澜沧江西藏段土著鱼类的优先保护等级进行了评价，以期为区域内土著鱼类的保护提供依据。

一、评价方法

（一）评估对象

根据 2017—2019 年对澜沧江西藏段的鱼类资源调查结果（详见第六章）并结合历史资料（西藏自治区水产局，1995；刘绍平 等，2016），确定澜沧江西藏段的土著鱼类有 9 种，包括光唇裂腹鱼、澜沧裂腹鱼、裸腹叶须鱼、前腹裸裂尻鱼、细尾鮡、无斑褶鮡、德钦纹胸鮡、细尾高原鳅、短尾高原鳅。

原则上，澜沧江西藏段所有的土著鱼类均属于本研究的对象。但由于细尾高原鳅和短尾高原鳅个体小，一般采用电捕的形式才能采集到样本，而本研究主要采用网捕的形式采样，导致高原鳅类的渔获尾数太少，所得数据不足以开展进一步的研究评价，故未将高原鳅类列为本研究对象。因此，本研究的评估对象为除细尾高原鳅、短尾高原鳅外的其他 7 种土著鱼类。

（二）评价指标体系

参照雅鲁藏布江鱼类优先保护评价系统和指标（李雷，2019），并结合澜沧江西藏段 2017—2019 年调查采样的情况，采用珍稀性、物种价值和人为干扰这 3 个一级指标对澜沧江西藏段土著鱼类的资源状况进行评价（表 8-1）。

1. 珍稀性（C_v）　用以表示 7 种土著鱼类在自然分布状态下的珍稀性程度，选用如下 3 个二级指标。

（1）种型情况（TS）　反映物种种质遗传潜在的价值。依据澜沧江西藏段 7 种土著鱼类所在属在西藏地区的种类数和本研究调查到的种数进行评价，特有种或所在属含有的种数越少，其特有性和珍稀性越高；反之，珍稀性越低。

（2）分布范围（DR）　反映物种自然地理分布范围。根据评估对象在澜沧江西藏段 6 个采样江段中的自然分布和采样时的出现频率进行评价，出现频率越低，分布范围越狭窄，其珍稀性越高；反之，珍稀性越低。

（3）资源现状（CR）　反映物种当前种群规模大小，选择相对重要性指数（IRI）对 7 种土著鱼类种群资源的优势度进行定量评价，种群规模越小，优势度越低，其珍稀性越高；反之，珍稀性越低。

相对重要性指数公式如下：

$$IRI = (N + W) \times F$$

式中，IRI 为相对重要性指数；N 为某一种类的尾数占总尾数的百分比；W 为某一种类的质量占总质量的百分比；F 为发现某一种类的站点数占总调查站点数的百分数。

2. 物种价值（C_s）　用以表示鱼类所具有的生态及经济价值的大小，选用如下评价指标。

生态价值（EgV）：反映物种在群落中的等级，根据鱼类在群落中的重要性评分。选择鱼类的生态学特性和以食性为标准的生态位高低进行评价，肉食性鱼类营养级位置较高，其生态价值较高；杂食性鱼类营养级位置较低，生态价值较低。

3. 人为干扰（C_h） 用以表示人为活动对鱼类资源干扰强度的大小，目前对澜沧江鱼类资源影响较大的人为活动主要是栖息地破坏，且交通越便利的区域，人为干扰越大；地理越偏僻、交通越不便的区域，人为干扰越小。选用如下评价指标。

栖息地质量（HQ）：反映鱼类栖息地被破坏的程度。栖息地被破坏程度越低，栖息地质量越好；反之，栖息地质量越差。

表 8-1　澜沧江西藏段土著鱼类优先保护等级评价指标及评分标准

一级指标	二级指标	评分标准				
		5	4	3	2	1
珍稀性	种型情况	单型属种或特有种		少型属种（2～6 种）	多型属种（6 种以上）	
	分布范围	狭窄	较窄		较广	广泛
	资源现状	劣势种	一般种	亚优势种		优势种
物种价值	生态价值	高		中		低
人为干扰	人类活动	密集		中等		稀少

（三）优先保护等级评定

各评价系统指标的价值按以下公式计算：

$$C_x = \sum_{i=1}^{n} s_i \Big/ \sum_{i=1}^{n} S_i$$

式中，C_x 为各一级评价系统；n 为各一级评价指标中二级指标的个数；s_i 为各二级指标的实际得分；S_i 为各二级指标规定的最高分值。

本研究主要采用专家咨询法确定各指标的权重，最终确定珍稀性的权重为 0.40，物种价值的权重为 0.30，人为干扰的权重为 0.30。用"综合评价值"来确定 7 种土著鱼类的优先保护顺序，采用加权求和法计算优先保护综合评价值（R）。公式如下：

$$R = 0.4C_v + 0.3C_s + 0.3C_h$$

根据计算得到的综合评价值 R，将鱼类的优先保护等级分为 4 个：当 $R \geqslant 0.70$ 时，一级优先保护；当 $0.55 \leqslant R < 0.70$ 时，二级优先保护；当 $0.40 \leqslant R < 0.55$ 时，三级优先保护；当 $R < 0.40$ 时，四级优先保护。

二、评价结果

（一）珍稀性

1. 种型情况 除高原鳅类外，澜沧江西藏段采集到的土著鱼类共有 2 目 7 种，分别为裂腹鱼属 2 种（光唇裂腹鱼和澜沧裂腹鱼），为多属种；裸裂尻鱼属 1 种（前腹裸裂尻鱼），叶须鱼属 1 种（裸腹叶须鱼），纹胸鳉属 1 种（德钦纹胸鳉），鳉属 1 种（细尾鳉），褶鳉属 1 种（无斑褶鳉），为少型属种（表 8-2）。

表 8-2　澜沧江西藏段主要土著鱼类名录

目	科	属	西藏总种数	调查种数	种
鲤形目	鲤科	裂腹鱼属	15	2	光唇裂腹鱼
					澜沧裂腹鱼
		裸裂尻鱼属	5	1	前腹裸裂尻鱼
		叶须鱼属	3	1	裸腹叶须鱼
鲇形目	鳉科	纹胸鳉属	4	1	德钦纹胸鳉
		鳉属	3	1	细尾鳉
		褶鳉属	2	1	无斑褶鳉

2. 分布范围　不同土著鱼类的分布范围存在较大差异（表 8-3）。其中，澜沧裂腹鱼和光唇裂腹鱼在所有 6 个调查断面均能采集到，裸腹叶须鱼和前腹裸裂尻鱼在卡若、扎曲、热曲、金河 4 个调查断面能采集到，细尾鳉在如美、卡若和扎曲 3 个调查断面能采集到，无斑褶鳉在曲孜卡和如美 2 个调查断面能采集到，德钦纹胸鳉仅曲孜卡 1 个调查断面能采集到。

表 8-3　澜沧江西藏段主要土著鱼类的空间分布

种名	曲孜卡	如美	卡若	扎曲	热曲	金河
澜沧裂腹鱼	+	+	+	+	+	+
光唇裂腹鱼	+	+	+	+	+	+
裸腹叶须鱼			+	+	+	+
前腹裸裂尻鱼			+	+	+	+
细尾鳉		+	+	+		
无斑褶鳉	+	+				
德钦纹胸鳉	+					

3. 资源状况　共采集到 7 种土著鱼类 605 尾，总质量 77.07 kg，分别统计每种鱼类的渔获物占比和出现率（表 8-4）。光唇裂腹鱼的尾数占比和质量占比最高，分别为 34.71% 和 40.34%；前腹裸裂尻鱼的尾数占比和质量占比分别为 15.04% 和 9.12%；澜沧裂腹鱼和裸腹叶须鱼的资源量较为接近，尾数占比和质量占比均超过 20%；细尾鳉、德钦纹胸鳉和无斑褶鳉的占比很小。

表 8-4　澜沧江西藏段主要土著鱼类的尾数（N）占比、重量（W）占比和出现率（F）

种名	N（%）	W（%）	F（%）
光唇裂腹鱼	34.71	40.34	100
澜沧裂腹鱼	25.29	26.51	100

（续）

种名	N（%）	W（%）	F（%）
裸腹叶须鱼	20.83	23.24	66.7
前腹裸裂尻鱼	15.04	9.12	66.7
细尾鮡	1.65	0.51	50.0
德钦纹胸鮡	1.16	0.17	16.7
无斑褶鮡	1.32	0.11	33.3

根据数量和质量占比及出现频率，计算了 7 种土著鱼类的相对重要性指数（IRI，表 8-5）。按照数值 IRI 大小由高到低排序依次为光唇裂腹鱼、澜沧裂腹鱼、裸腹叶须鱼、前腹裸裂尻鱼、细尾鮡、无斑褶鮡和德钦纹胸鮡。对比 7 种鱼类，光唇裂腹鱼的 IRI 为 75.53%，为优势种；澜沧裂腹鱼的 IRI 为 52.14%，为亚优势种；裸腹叶须鱼、前腹裸裂尻鱼的 IRI 分别为 29.58% 和 16.24%，为一般种；细尾鮡、无斑褶鮡和德钦纹胸鮡的 IRI 分别为 1.09%、0.48% 和 0.22%，为劣势种。

表 8-5　澜沧江西藏段主要土著鱼类的尾数相对重要性指数

种品	相对重要性指数（IRI）%
光唇裂腹鱼	75.53
澜沧裂腹鱼	52.14
裸腹叶须鱼	29.58
前腹裸裂尻鱼	16.24
细尾鮡	1.09
无斑褶鮡	0.48
德钦纹胸鮡	0.22

（二）物种价值

从 7 种土著鱼类口的形态及食性来看，光唇裂腹鱼和澜沧裂腹鱼口下位，横裂，主要以刮食着生藻类为生；前腹裸裂尻鱼的营养级位置较低。裸腹叶须鱼、德钦纹胸鮡、无斑褶鮡为杂食性鱼类，主要以底栖无脊椎动物和水生昆虫为食，其营养级位置中等。细尾鮡为偏肉食性的杂食性鱼类，主要摄食小型鱼类、水生昆虫、藻类等，其营养级位置较高。

（三）人为干扰

目前，澜沧江西藏段干流（昌都市区至西藏与云南省界段）还未有水电工程建成或在建，人为捕捞情况也非常少见，因此总体人类干扰强度要小于金沙江、雅鲁藏布江等其他邻近一级河流。德钦纹胸鮡、无斑褶鮡的栖息地主要受少量的污水影响，栖息地质量较好；光唇裂腹鱼、澜沧裂腹鱼、前腹裸裂尻鱼、裸腹叶须鱼、细尾鮡的栖息地存在采砂、水质污染等人为干扰，栖息地质量一般。

（四）优先保护等级评定

根据评价指标和调查情况，对 7 种土著鱼类对应的指标打分，计算珍稀性（Cv）、物种价值（Cs）和人为干扰（Ch）系统得分，并根据各自权重计算得出优先保护综合评价值 R（表 8-6）。

表 8-6　澜沧江西藏段主要土著鱼类优先保护等级评价

种名	种型情况 TS	分布范围 DR	资源现状 CR	珍稀性 Cv	生态价值 Eg V	物种价值 Cs	栖息地质量 HQ	人为干扰 Ch	综合评价 R
光唇裂腹鱼	2	1	1	0.27	1	0.2	3	0.6	0.35
澜沧裂腹鱼	2	1	2	0.33	1	0.2	3	0.6	0.37
裸腹叶须鱼	3	2	4	0.60	3	0.6	3	0.6	0.60
前腹裸裂尻鱼	3	2	4	0.60	1	0.2	3	0.6	0.48
细尾鮡	3	4	5	0.80	4	0.8	3	0.6	0.74
无斑褶鮡	3	4	5	0.80	3	0.6	4	0.8	0.74
德钦纹胸鮡	3	5	5	0.87	3	0.6	4	0.8	0.77

从珍稀性一级指标来看，德钦纹胸鮡的珍稀性程度最高，光唇裂腹鱼的珍稀性程度最低。从物种价值一级指标来看，细尾鮡的生态价值最高，光唇裂腹鱼和澜沧裂腹鱼的生态价值最低。各鱼类种类的栖息地质量差异不大。

根据综合评价，德钦纹胸鮡的综合评价值 R 最高，为 0.77，其次为细尾鮡和无斑褶鮡，得分均为 0.74，随后依次是裸腹叶须鱼 0.60、前腹裸裂尻鱼 0.48、澜沧裂腹鱼 0.37、光唇裂腹鱼 0.35。基于综合评价值，澜沧江西藏段 7 种土著鱼类的优先保护次序为：德钦纹胸鮡＞细尾鮡＝无斑褶鮡＞裸腹叶须鱼＞前腹裸裂尻鱼＞澜沧裂腹鱼＞光唇裂腹鱼。基于以上评价结果划分优先保护等级，将德钦纹胸鮡、细尾鮡和无斑褶鮡列为一级优先保护鱼类，裸腹叶须鱼列为二级优先保护鱼类，前腹裸裂尻鱼列为三级优先保护鱼类，澜沧裂腹鱼和光唇裂腹鱼列为四级优先保护鱼类。

三、讨论

本研究参照长江上游受威胁鱼类和雅鲁藏布江中游裂腹鱼类的优先保护等级评价体系，选择珍稀性、物种价值和人为干扰 3 个子系统建立定量评价标准。目前鱼类优先保护等级的评价指标体系并无统一的规范。一方面是由于在不同水域环境、不同鱼类和不同管理模式下，威胁鱼类生存的影响因子存在较大差异；另一方面是可获得的基础评价参数及其精度不同。为了更客观和有效地评价鱼类优先保护等级，必须针对特定的研究案例建立特定的评价指标体系。但如果具有类似的客观条件，不同研究案例的评价指标也可以进行参考，这也有利于不同案例间的研究结果比较。本研究所评价的 7 种鱼类的栖息环境类似，胁迫因素类似，同时调查采样方法统一，因此物种间具有较好的可比性。

本研究基于实际调查数据分析，划定了澜沧江西藏段 7 种土著鱼类的优先保护等级。德钦纹胸鳅、细尾鳅和无斑褶鳅被列为一级优先保护鱼类。这 3 种鱼类在渔获物中的占比极低，但珍稀性和物种价值较高。目前业内普遍认为鳅类的人工驯养及繁育技术难度相对较高，一旦自然资源遭到过度破坏，很难通过人工保种和繁育的方式恢复种群。裸腹叶须鱼被列为二级优先保护鱼类，主要是因为其资源量较小，生态价值较高。前腹裸裂尻鱼被列为三级优先保护鱼类，主要是因为其资源量有限。澜沧裂腹鱼和光唇裂腹鱼被列为四级优先保护鱼类，主要是因为目前资源量相对较为丰富，而且生态价值相对较低，相关的人工驯养繁育技术也更为成熟。根据世界自然保护联盟（IUCN）的濒危等级评定（蒋志刚等，2016），澜沧裂腹鱼、细尾鳅、德钦纹胸鳅被列为濒危物种，光唇裂腹鱼和裸腹叶须鱼、无斑褶鳅被列为易危物种，前腹裸裂尻鱼缺乏数据，未有评估。由此可见，本研究评定的保护等级与 IUCN 的濒危状况略有差异。其原因可能有两点：一是评估的条件范围不同，澜沧裂腹鱼、光唇裂腹鱼等鱼类在澜沧江青海段、西藏段、云南段均有分布，而本研究的条件范围限定在澜沧江西藏段；二是评估数据的获取时间不同，本研究所采用的数据为近几年采集的，而历史上澜沧江西藏段的鱼类资源存在较多空白，可能影响了 IUCN 对区域内鱼类濒危等级的评定精度。

第三节　澜沧江西藏段鱼类资源保护与利用措施建议

一、建立鱼类保护区，加强鱼类重要栖息地保护

建立鱼类保护区是对珍稀濒危鱼类的集中分布区及其栖息环境进行特殊管理和保护的一种形式，有助于各类珍稀濒危鱼类的繁衍和种质保存。根据现场调查的结果，澜沧江西藏段部分干支流中均存在土著鱼类的重要栖息地。但是目前澜沧江西藏段所在的昌都市范围内还没有建立过以鱼类为主要保护对象的保护区。

结合栖息地规模、保护条件等因素，建议将澜沧江干流卡贡至如美的部分江段、支流热曲等划为鱼类保护区。其中，澜沧江卡贡至如美段人烟稀少，保存有比较原始的环境条件，在没有进一步水电工程建设的前提下，非常适合建设成裂腹鱼类和鳅类的保护区。而热曲是裸腹叶须鱼重要的产卵洄游通道，因此也可考虑规划为以裸腹叶须鱼为主要保护对象的保护区。

二、构建水生态监测网络，掌握生态环境变化

澜沧江西藏段的渔业资源与环境正处于快速变化期，同时随着气候变化的加剧、干流水电工程的陆续开工建设，未来一段时间内，澜沧江西藏段的环境还将继续发生巨大的改变。为有效监测和评估这些变化的过程、特征及可能带来的影响，有必要构建长期性的水

生态监测网络。

（一）监测站点

根据编者近年来在澜沧江西藏段现场调查所掌握的情况，从采样站点的代表性、地理距离、交通便利性、调查人员的安全性等方面考虑，可将本团队所设置的 8 个调查样点作为长期调查站点，即澜沧江干流的曲孜卡、如美、卡若和扎曲站点，以及麦曲、金河、昂曲、热曲等支流站点。

（二）监测内容

1. 鱼类种类组成　监测鱼类生物的种类组成，掌握鱼类群落的区系特征及种群多样性的变动趋势；根据鱼类群落的区系特征及种群多样性的变动情况，确认外来鱼类种类与分布状况。

2. 鱼类资源　监测鱼类种群结构、资源量，查明优势种，掌握主要鱼类的生物学特征及群落结构，评估资源变动趋势。根据渔获物组成和渔业资源量，分析鱼类资源现状特点、演变趋势及变动原因。

3. 水生生物　监测主要水生生物类群（浮游植物、浮游动物、着生藻类、底栖动物、水生维管束植物）的种类组成、水平分布、生物多样性，以及现存资源量和变动趋势；结合浮游植物的同步遥感监测，评估渔产潜力。

4. 水体理化环境　对主要水体理化性质参数进行周年调查，并统计、分析不同水质理化因子周年变动规律。

5. 鱼类栖息地　主要监测裂腹鱼类、鳅类、高原鳅类自然栖息地（产卵场、索饵场、越冬场及洄游通道）分布状况、位置和规模。

（三）监测周期

根据澜沧江西藏段的气候特点，应保证每年至少监测 2 次，重点以春、秋两季为主，辅以间隔年度的夏季和冬季监测。

（四）评价指标体系

1. 鱼类多样性

（1）物种丰富度指数　即调查到的鱼类物种数。

（2）多样性指数　以香农-威纳多样性指数（H'）来评估调查水域鱼类群落的多样性。

（3）特有物种比例　分别统计调查区域内的中国特有种比例和地方特有种比例。计算公式如下：

$$P_E = (S_E / S) \times 100\%$$

式中，P_E 为特有种的比例；S_E 为调查区域内的特有种的种数（个）；S 为调查区域内的物种总种数（个）。

（4）相对重要性指数　计算公式如下：

$$IRI = (N+W) \times F$$

式中，IRI 为相对重要性指数；N 为某一种类的尾数占总尾数的百分比；W 为某一种类的质量占总质量的百分比；F 为发现某一种类的站点数占总调查站点数的百分数。

（5）相对优势度　以物种相对优势度指数（DI_i）评估各调查鱼类物种在群落中的地位与作用。相对优势度指数由相对密度（D_i）、相对频度（P_i）和相对显著度（R_i）三个参数组成，计算公式如下：

$$DI_i = D_i + P_i + R_i$$

其中，相对密度（D_i）＝该物种个体数（n_i）/所有物种个体总数（n）；相对频度 P_i＝该物种出现的样点（或河段）数（n_{p_i}）/调查河流所有样点（或河段）总数（n_P）；相对显著度 R_i＝该物种生物量（m_i）/所有物种生物量（m）。

2. 鱼类资源时空变化　分别统计各年度、各鱼类种类的绝对资源量和单位捕捞努力量。

3. 水生生物多样性指数　以香农-威纳多样性指数为评估参数。

三、开展土著鱼类人工繁育技术攻关，制定增殖放流中长期规划

人工繁育是保护珍稀濒危鱼类的重要途径之一。目前澜沧江西藏段急需保护的土著鱼类主要是裂腹鱼类和鮡类，其中光唇裂腹鱼、澜沧裂腹鱼等种类的人工繁育技术已经取得初步突破，但大部分土著鱼类的人工繁育技术还是空白。因此，有必要围绕这些土著鱼类的生物学特征、生态习性和栖息地分布与环境特点等课题开展调查研究，尽快推进人工繁育技术的突破。根据各保护对象的自然种群状况、人工繁育技术攻关难度等，科学制定土著鱼类增殖放流中长期规划。

同时，为便于相关工作的开展，有必要在澜沧江西藏段建立至少一个土著鱼类繁育中心，承担野生亲鱼采集与驯养、后备亲鱼培育、鱼类人工催产与孵化、苗种培育、增殖放流与效果评估等任务。

四、规范放流放生活动，降低外来鱼类入侵风险

无序放生是造成澜沧江西藏段外来鱼类入侵的最主要途径，严重威胁土著鱼类的生存和繁衍。因此，有必要加强对群众性放生活动的管理和引导。建议设立放生活动报批制度，对放生的鱼类种类、数量、质量、来源、放生日期、放生地点等信息进行登记管理，由村-乡-县区-市逐级上报备案，严格禁止放生外来鱼类；加强科学放生宣传活动，宣传科学放生理念。同时，对于大批量放生外来鱼类，造成严重生态风险的，或多次放生外来鱼类且拒不改正的，应当进行严肃惩处。

五、加强渔政监督管理队伍与能力建设

渔政部门是执行渔业资源与环境管理及保护工作的主体。当前，澜沧江西藏段的渔政

管理力量还很薄弱。建议完善渔政监督管理队伍的人员配备，升级监督执法装备。加强人员的专业知识培训。积极掌握和更新区域内及周边地区水域的分布、开发和利用情况。积极开展鱼类及水生态环境保护宣传，提高突发渔业安全事故的应急管理能力。与公安、水利、自然资源、水务、环保、城市管理等政府部门建立信息共享和联合执法机制，加大对非法捕捞、排污、采砂、野蛮施工等破坏性活动的巡查和惩治力度。

六、适度开展土著鱼类人工规模化养殖和商业化

鱼类既是自然界的重要组成部分，也是宝贵的生物资源。鱼类不仅是人类重要的动物蛋白质来源，同时也具有观赏、药用等价值。澜沧江西藏段流域的经济社会发展水平较低，开发水产品可为当地增加一些就业机会，助力当地群众脱贫，同时也可以进一步保障澜沧江西藏段土著鱼类的长期保护。

在规模化人工繁育技术成熟的基础上，建议引入企业或指导地方群众采用水泥池、池塘等多种设施对光唇裂腹鱼、澜沧裂腹鱼、裸腹叶须鱼等经济鱼类进行规模化养殖，成鱼经检测合格后进入市场销售，进而为当地群众提供增收渠道。

附　表

附表1　澜沧江西藏段浮游植物种类组成名录

门	中文名称	拉丁学名
硅藻门	舟形藻	*Navicula* sp.
	最小舟形藻	*Navicula minima*
	双头舟形藻	*Navicula dicephala*
	线形舟形藻	*Navicula graciloides*
	系带舟形藻	*Navicula cincta*
	罗素舟形藻	*Navicula rotaeana*
	喙头舟形藻	*Navicula rhynchocephala*
	隐头舟形藻	*Navicula cryptocephala*
	瞳孔舟形藻	*Navicula pupula*
	放射舟形藻	*Navicula radiosa*
	英吉利舟形藻	*Navicula anglica*
	短小舟形藻	*Navicula exigua*
	胃形舟形藻	*Navicula gastrum*
	狭轴舟形藻	*Navicula verecunda*
	卡里舟形藻	*Navicula cari*
	椭圆舟形藻	*Navicula schonfeldii*
	桥弯藻	*Cymbella* sp.
	小桥弯藻	*Cymbella pusilla*
	极小桥弯藻	*Navicula exigua*
	细小桥弯藻	*Cymbella pusilla*
	优美桥弯藻	*Cymbella delicatula*
	箱形桥弯藻	*Cymbella cistula*
	近缘桥弯藻	*Cymbella affinis*
	膨胀桥弯藻	*Cymbella tumida*
	舟形桥弯藻	*Cymbella naviculiformis*
	微细桥弯藻	*Cymbella parva*
	微小桥弯藻	*Cymbella minuta*
	纤细桥弯藻	*Cymbella gracillis*
	埃伦桥弯藻	*Cymbella ehrenbergii*
	偏肿桥弯藻	*Cymbella ventricosa*
	新月形桥弯藻	*Cymbella cymbiformis*
	澳大利亚桥弯藻	*Cymbella austriaca*
	等片藻	*Diatoma* sp.
	长等片藻	*Diatoma elongatum*
	普通等片藻	*Diatoma vulgare*

门	中文名称	拉丁学名
硅藻门	纤细等片藻	*Diatoma tenue*
	尖针杆藻	*Synedra acus*
	肘状针杆藻	*Synedra ulna*
	肘状针杆藻二头变种	*Synedra ulna* var. *biceps*
	肘状针杆藻缢缩变种	*Synedra ulna* var. *constracta*
	偏凸针杆藻	*Synedra vaucheriae*
	平片针杆藻	*Synedra tabulata*
	近缘针杆藻	*Synedra affinis*
	两头针杆藻	*Synedra amphicephala*
	脆杆藻	*Fragilaria* spp.
	中型脆杆藻	*Fragilaria intermedia*
	克洛脆杆藻	*Fragilaria crotonensis*
	异极藻	*Gomphonema* sp.
	窄异极藻	*Gomphonema angustatum*
	中间异极藻	*Gomphonema intricatum*
	橄榄绿异极藻	*Gomphonema olivaceum*
	小形异极藻	*Gomphonema parvulum*
	纤细异极藻	*Gomphonema gracile*
	扁圆卵形藻	*Cocconeis placentula*
	变异直链藻	*Melosira varians*
	颗粒直链藻	*Melosira granulata*
	颗粒直链藻极狭变种	*Melosira granulata* var. *angustissima*
	窗格平板藻	*Tabellaria fenestrata*
	卵圆双眉藻	*Amphora ovalis*
	普通肋缝藻	*Frustulia vulgaris*
	弯形弯楔藻	*Rhoicosphenia curvata*
	双尖菱板藻	*Hantzschia amphioxys*
	小环藻	*Cyclotella* sp.
	短缝藻	*Eunotia* sp.
	曲壳藻	*Achnanthes* sp.
	短小曲壳藻	*Achnanthes exigua*
	短小曲壳藻异壳变种	*Achnanthes exigua* var. *heterovalvata*
	线形曲壳藻	*Achnanthes linearis*
	披针形曲壳藻	*Achnanthes lanceolata*
	菱形藻	*Nitzschia* spp.

门	中文名称	拉丁学名
硅藻门	谷皮菱形藻	*Nitzschia palea*
	中间菱形藻	*Nitzschia intermedia*
	池生菱形藻	*Nitzschia stagnorum*
	双头菱形藻	*Nitzschia amphibia*
	线形菱形藻	*Nitzschia linearis*
	近线形菱形藻	*Nitzschia sublinearis*
	拟螺旋菱形藻	*Nitzschia sigmoidea*
	细齿菱形藻	*Nitzschia denticula*
	卵形双菱藻	*Surirella ovata*
	窄双菱藻	*Surirella angustata*
	模糊沟链藻	*Aulacoseira ambigua*
	螺旋颗粒沟链藻	*Aulacoseira granulata* var. *angustissima* f. *spiralis*
	颗粒沟链藻最窄变种	*Aulacoseira granulata* var. *angustissima*
	弧形蛾眉藻	*Ceratoneis arcus*
	弧形蛾眉藻直变种	*Ceratoneis arcus* var. *recta*
	美丽星杆藻	*Asterionella formosa*
	大羽纹藻	*Pinnularia major*
	间断羽纹藻	*Pinnularia interrupta*
	双生双楔藻	*Didymosphenia geminata*
	窗纹藻	*Epithemia* sp.
蓝藻门	席藻	*Phormidium* sp.
	小席藻	*Phormidium tenue*
	层理席藻	*Phormidium laminosum*
	窝形席藻	*Phormidium faveolarum*
	鞘丝藻	*Lyngbya* sp.
	湖泊鞘丝藻	*Lyngbya limnetica*
	细鞘丝藻	*Leptolyngbya* sp.
	假鱼腥藻	*Pseudanabaena* sp.
	颤藻	*Oscillatoria* sp.
	小颤藻	*Oscillatoria tenuis*
	颗粒颤藻	*Oscillatoriagranulata*
	鱼腥藻	*Anabeana* sp.
	铜绿微囊藻	*Microcystis aeruginosa*
	须藻	*Homoeothrix* sp.
	束丝藻	*Aphanizomenon* sp.

（续）

门	中文名称	拉丁学名
绿藻门	小球藻	*Chlorella vulgaris*
	集球藻	*Palmellococcus miniatus*
	丝藻	*Ulothrix* sp.
	环丝藻	*Ulothrix zonata*
	尾丝藻	*Uronema* sp.
	转板藻	*Mougeotia* sp.
	鼓藻	*Cosmarium* sp.
	项圈新月藻	*Closterium moniliforum*
	水绵	*Spirogyra* sp.
	针形纤维藻	*Ankistrodesmus acicularis*
	卵囊藻	*Oocystis* sp.
	链丝藻	*Hormidium* sp.
	小椿藻	*Characium* sp.
	空星藻	*Coelastrum* sp.
隐藻门	尖尾蓝隐藻	*Chroomonas acuta*
	具尾逗隐藻	*Komma caudata*
金藻门	分歧锥囊藻	*Dinobryon divergens*
裸藻门	绿裸藻	*Euglena viridis*

附表 2 澜沧江西藏段浮游动物种类组成名录

类群	中文名	拉丁名
原生动物	表壳虫	*Arcella* sp.
	累枝虫	*Epistylis* sp.
	漫游虫	*Litonotus* sp.
	普通表壳虫	*Arcella vulgaris*
	僧帽斜管虫	*Chilodonella cucullulus*
	砂壳虫	*Difflugia* sp.
	纤毛虫	*Ciliophora* sp.
	针棘匣壳虫	*Centropyxis aculeata*
	钟虫	*Vorticella* sp.
	#	*Notommata bennetchi*
轮虫	单趾轮虫	*Monostyla* sp.
	鳞状叶轮虫	*Notholca squamula*
	轮虫属	*Rotaria* sp.
	螺形龟甲轮虫	*Keratella cochlearis*
	囊足轮虫	*Asplanchnopus* sp.
	小须足轮虫	*Euchlanis parva*
	蛭态轮虫	*Bdelloidea* sp.
	转轮虫	*Rotaria roratoria*
枝角类	多刺裸腹溞	*Moina macrocopa*
	僧帽溞	*Daphnia cucullata*
	微型裸腹溞	*Moina micrura* Kurz
	象鼻溞	*Bosmina* sp.
	长额象鼻溞	*Bosmina longirostris*
桡足类	镖水蚤科	Diaptomidae
	广布中剑水蚤	*Mesocyclops leuckarti*
	剑水蚤桡足幼体	Cyclops
	毛饰拟剑水蚤	*Paracyclops fimbriatus*
	美丽猛水蚤	*Nitocra* sp.
	猛水蚤目	Harpacticoida
	无节幼体	Nauplii

注:"#"表示暂无确定的中文名。

附表 3　澜沧江西藏段鱼类种类组成名录

科	属	种名
裂腹鱼亚科	裂腹鱼属	澜沧裂腹鱼 （*Schizothorax lantsangensis*）
		光唇裂腹鱼 （*Schizothorax lissolabiatus*）
		异齿裂腹鱼★ （*Schizothorax oconnori*）
		拉萨裂腹鱼★ （*Schizothorax waltoni*）
	叶须鱼属	裸腹叶须鱼 （*Ptychobarbus kaznakovi*）
	裸裂尻鱼属	前腹裸裂尻鱼 （*Schizopygopsis anteroventris*）
鮡科	鮡属	细尾鮡 （*Pareuchiloglanis gracilicaudata*）
	褶鮡属	无斑褶鮡 （*Pseudecheneis immaculatus*）
	纹胸鮡属	德钦纹胸鮡 （*Glyptothorax deqinensis*）
条鳅亚科	高原鳅属	细尾高原鳅 （*Triplophysa stenura*）
		短尾高原鳅 （*Triplophysa brevicauda*）
鲤亚科	鲫属	鲫★ （*Carassius auratus*）
鲇科	鲇属	鲇★ （*Silurus asotus*）

注："★"表示外来鱼类。

参考文献

巴重振，李元，杨良，2009. 澜沧江梯级水电站库区浮游藻类组成及变化 [J]. 环境科学导刊，28（2）：18-21.

陈小勇，2013. 云南鱼类名录 [J]. 动物学研究，34（4）：281-343.

陈燕琴，申志新，刘玉婷，等，2012. 澜沧江囊谦段夏秋季浮游植物群落结构初步研究 [J]. 水生态学杂志，33（3）：60-67.

陈宜瑜，1998a. 横断山区鱼类 [M]. 北京：科学出版社.

陈宜瑜，1998b. 中国动物志-硬骨鱼纲-鲤形目：中卷 [M]. 北京：科学出版社.

褚新洛，陈银瑞，1989a. 云南鱼类志上册 [M]. 北京：科学出版社.

褚新洛，陈银瑞，1989b. 云南鱼类志下册 [M]. 北京：科学出版社.

褚新洛，郑葆珊，戴定远，等，1999. 中国动物志-硬骨鱼纲-鲇形目 [M]. 北京：科学出版社.

傅志军，张萍，2001. 太白山国家保护植物优先保护顺序的定量分析 [J]. 山地学报，19（2）：161-164.

高礼存，庄大栋，郭起治，等，1990. 云南湖泊鱼类资源 [M]. 南京：江苏科学技术出版社.

何大明，汤奇成，2000. 中国国际河流 [M]. 北京：科学出版社.

黄寄夔，杜军，王春，等，2003. 黄石爬鮡的繁殖生境、两性系统和繁殖行为研究 [J]. 西南农业学报，16（4）：119-121.

蒋志刚，江建平，王跃招，等，2016. 中国脊椎动物红色名录 [J]. 生物多样性，24（5）：501-551，615.

蒋志刚，罗振华，2012. 物种受威胁状况评估：研究进展与中国的案例 [J]. 生物多样性，20（5）：612-622.

康斌，何大明，2007. 澜沧江鱼类生物多样性研究进展 [J]. 资源科学，29（5）：195-200.

李红霞，覃光华，张永强，等，2016. 青藏高原东部地区水文气候变化趋势分析 [J]. 华北水利水电大学学报：自然科学版，37（4）：71-77.

李雷，马波，金星，等，2019. 西藏雅鲁藏布江中游裂腹鱼类优先保护等级定量评价 [J]. 中国水产科学，26（5）：914-924.

李思忠，1981. 中国淡水鱼类的分布区划 [M]. 北京：科学出版社.

刘军，2004. 长江上游特有鱼类受威胁及优先保护顺序的定量分析 [J]. 中国环境科学，24（4）：395-399.

刘绍平，刘明典，张耀光，等，2016. 澜沧江水生生物物种资源调查与保护 [M]. 北京：科学出版社.

刘跃天，吴敬东，李光华，等，2012. 光唇裂腹鱼人工驯养研究 [J]. 水生态学杂志，33（5）：123-126.

马骞，徐承旭，2017. 一度濒危的澜沧裂腹鱼人工繁殖成功 ［J］. 水产科技情报，44（6）：341.

牛建功，蔡林钢，刘 建，等，2012. 哈巴河土著特有鱼类优先保护等级的定量研究 ［J］. 干旱区资源与环境，26（003）：172-176.

彭涛，陈晓宏，王高旭，等，2011. 河口及邻近海域鱼类优先保护次序的评价模型 ［J］. 长江流域资源与环境，20（4）：404.

任毅，黎维平，刘胜祥，1999. 神农架国家重点保护植物优先保护的定量研究 ［J］. 吉首大学学报：自然科学版，20（3）：20-24.

申安华，李光华，王海龙，等，2015. 澜沧裂腹鱼人工驯养研究 ［J］. 现代农业科技（2）：272，278.

宋一清，成必新，胡伟，2018. 黑水河鱼类优先保护次序的定量分析 ［J］. 水生态学杂志，39（6）：65-72.

唐文家，崔玉香，赵霞，2012. 青海省澜沧江水系水生生物资源的初步调查 ［J］. 水生态学杂志，33：20-28.

王川，李斌，谢嗣光，等，2013. 澜沧江大型底栖动物群落结构及分布格局 ［J］. 淡水渔业，43：37-43.

汪松，解焱，2004. 中国物种红色名录：第一卷 ［M］. 北京：高等教育出版社.

伍献文，1977. 中国鲤科鱼类志：下卷 ［M］. 上海：上海科学技术出版社.

武云飞，吴翠珍，1991. 青藏高原鱼类 ［M］. 成都：四川科学技术出版社.

西藏自治区水产局，1995. 西藏鱼类及其资源 ［M］. 北京：中国农业出版社.

徐薇，杨志，乔晔，2013. 长江上游河流开发受威胁鱼类优先保护等级评估 ［J］. 人民长江，44（10）：109-112.

许再富，陶国达，1987. 地区性的植物受威胁及优先保护综合评价方法探讨 ［J］. 云南植物研究，9（2）：193-202.

薛达元，蒋明康，李正方，等，1991. 苏浙皖地区珍稀濒危植物分级指标的研究 ［J］. 中国环境科学，11（3）：161-166.

杨干荣，1964. 中国鲤科鱼类志：上卷 ［M］. 上海：上海科学技术出版社.

乐佩琦，2000. 中国动物志-硬骨鱼纲-鲤形目：下卷 ［M］. 北京：科学出版社.

乐佩琦，陈宜瑜，2003. 中国濒危动物红皮书：鱼类 ［M］. 北京：科学出版社.

朱松泉，1989. 中国条鳅志 ［M］. 南京：江苏科学技术出版社.

ZHANG H，JARIC I，ROBERTS D L，et al.，2019. Extinction of one of the world's largest freshwater fishes：Lessons for conserving the endangered Yangtze fauna ［J］. Sci Total Environ，710：136242.

图书在版编目（CIP）数据

澜沧江西藏段渔业资源与环境保护 / 朱挺兵等著
. —北京 : 中国农业出版社，2023.11
（中国西藏重点水域渔业资源与环境保护系列丛书 /
陈大庆主编）
ISBN 978-7-109-28442-5

Ⅰ.①澜…　Ⅱ.①朱…　Ⅲ.①澜沧江—水产资源—研
究—西藏②澜沧江—环境保护—研究—西藏　Ⅳ.
①S922.75

中国版本图书馆 CIP 数据核字（2021）第 130442 号

中国农业出版社出版
地址：北京市朝阳区麦子店街 18 号楼
邮编：100125
责任编辑：张艳晶　王金环
版式设计：杜　然　责任校对：吴丽婷
印刷：北京通州皇家印刷厂
版次：2023 年 11 月第 1 版
印次：2023 年 11 月北京第 1 次印刷
发行：新华书店北京发行所
开本：787mm×1092mm　1/16
印张：8　插页：6
字数：200 千字
定价：98.00 元

光唇裂腹鱼（朱挺兵，2017 年 9 月 13 日摄）

澜沧裂腹鱼（朱挺兵，2017 年 9 月 13 日摄）

裸腹叶须鱼（朱挺兵，2018 年 4 月 12 日摄）

前腹裸裂尻鱼（朱挺兵，2017 年 9 月 15 日摄）

无斑褶鮡（朱挺兵，2018 年 4 月 10 日摄）

德钦纹胸鮡（朱挺兵，2018 年 4 月 11 日摄）

细尾鮡（朱挺兵，2018 年 4 月 12 日摄）

细尾高原鳅（朱挺兵，2017 年 9 月 15 日摄）

短尾高原鳅（朱挺兵，2017 年 9 月 17 日摄）

鲇（朱挺兵，2017 年 9 月 15 日摄）

鲫（朱挺兵，2017 年 9 月 22 日摄）

异齿裂腹鱼（朱挺兵，2019 年 9 月 20 日摄）

拉萨裂腹鱼（朱挺兵，2019 年 9 月 20 日摄）

澜沧江上游西藏自治区芒康县曲孜卡乡江段（朱挺兵，2017年9月10日摄）

澜沧江上游西藏自治区芒康县如美镇江段（朱挺兵，2017年4月19日摄）

澜沧江上游西藏自治区察雅县江段（朱挺兵，2017年9月16日摄）

澜沧江西藏段支流金河生境（朱挺兵，2018年10月19日摄）

澜沧江西藏段干流卡若生境（朱挺兵，2018年10月19日摄）

澜沧江西藏段支流昂曲生境（朱挺兵，2017年4月20日摄）

澜沧江西藏段干流扎曲生境（朱挺兵，2017 年 4 月 22 日摄）

澜沧江西藏段支流热曲生境（朱挺兵，2018 年 10 月 20 日摄）

澜沧江西藏段渔业资源与环境考察队合影

水体理化指标现场测定

浮游生物样本采集

底栖动物样本采集

水样采集

鱼类样本捕捞（网捕）

采集到的鱼类样本

鱼类样本测量